2020

Monitoring Report of the Collective Forest Tenure Reform

集体林权制度改革监测报告

国家林业和草原局“集体林权制度改革监测”项目组 著

中国林業出版社
·北京·

图书在版编目（CIP）数据

2020集体林权制度改革监测报告 / 国家林业和草原局“集体林权制度改革监测”项目组著. —北京：中国林业出版社，2022.7

ISBN 978-7-5219-1728-4

Ⅰ.①2… Ⅱ.①国… Ⅲ.①集体林－产权制度改革－研究报告－中国－2020 Ⅳ.①F326.22

中国版本图书馆CIP数据核字（2022）第103406号

责任编辑：王越　李敏　　**电话**：(010)83143628　83143575

出版发行　中国林业出版社（100009　北京市西城区刘海胡同7号）
http://www.forestry.gov.cn/lycb.html

制　　版　北京美光设计制版有限公司

印　　刷　北京中科印刷有限公司

版　　次　2022年7月第1版

印　　次　2022年7月第1次

开　　本　889mm×1194mm　1/16

印　　张　9.5

字　　数　231千字

定　　价　120.00元

未经许可，不得以任何方式复制或抄袭本书之部分或全部内容。

版权所有　侵权必究

本书编写组

组　长　袁继明　刘　璨　王俊中　黄　东

成　员　文彩云　刘　浩　王雁斌　刘彪彪　苏时鹏　戴永务

高建中　张敏新　黄和亮　侯方淼　任海燕　张永亮

康子昊　魏　建　阴雨菲

前言

党的十八大以来，集体林权制度改革不断深化体制机制创新，充分尊重群众首创精神，稳定承包权，活化集体林经营权，支持新型经营主体发展，创新集体林权抵押、质押担保模式，引导工商企业等社会资本规范有序进入，有效推动集体林地规模经营，带动林区农户致富增收，助力实现共同富裕。

2021 年 5 月，习近平总书记来到沙县农村产权交易中心时指出，集体林权制度改革，三明是重要策源地。共产党做事的一个指导思想就是尊重群众首创精神，群众是真正的英雄。我们推进改革要坚持顶层设计和基层探索相统一，对重大改革要坚持试点先行，取得经验后再推广。摸着石头过河的改革方法论没有过时，也不会过时。这充分体现了总书记对集体林权制度改革的高度重视和殷切期望，要紧紧依靠人民推动改革，从人民群众丰富的实践中汲取智慧，增强改革动力与活力。

为全面客观反映集体林权制度改革新进展、新情况、新问题，总结全国各地改革经验，为深化改革提供决策依据。国家林业和草原局发展研究中心于 2020 年赴全国 12 省区、24 县、72 乡镇和 216 个行政村开展监测调研，依据调研重点形成了 8 份专题研究报告，涉及集体林的土地利用、规模经营、产权保护、投融资、基层管理部门运行等方面，数据翔实，具有较强的理论意义和实践意义。从监测结果来看，2020 年全国集体林权制度改革情况总体稳定，集体林改带动农民就业增收稳中有增，但集体林业“三权分置”运行不畅，经营权受限较多，新型林业经营主体数量迅速扩展但质量不强，林权融资担保发展缓慢，林业收入贡献不强。这些问题都长期制约着集体林业的发展活力，是深化集体林权制度改革过程中亟待解决的问题。

集体林是保障国家生态安全、提供森林食物和应对气候变化的主要阵地，也是促进乡村振兴和实现共同富裕的有效途径。当前，

集体林权制度改革步入“深水区”，只有坚持顶层设计与问计于民相统一，不断加快集体林“三权分置”、新型经营主体发展、权益保护、金融服务等关键领域创新，着力提升集体林生产力，扩大森林食物有效供给，拓宽生态产品价值实现途径，探索实践更多可推广、可复制的经验模式，才能有效破解改革过程中难点、卡点、堵点问题，推动集体林向高质量发展。未来集体林权制度改革监测工作将聚焦深化改革各项内容，不断强化监测手段和数据分析，深入开展专题研究，加强成果转化运用，及时总结群众诉求和基层经验模式，为不断深化集体林权制度改革提供决策服务。

本书编写组

2022年6月

目 录

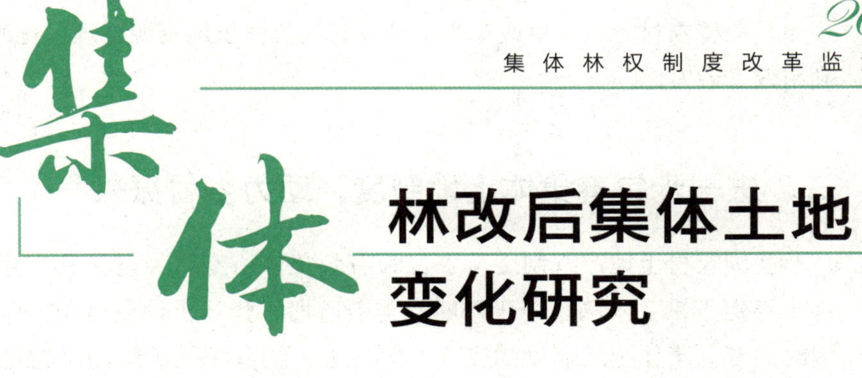

2020

集体林权制度改革监测报告

集体林改后集体土地变化研究

研究意义

一、推动新时代集体土地资源进一步优化配置

随着中国特色社会主义进入新时代，我国正处于新的历史方位，社会的主要矛盾也已经转化为人民日益增长的美好生活需要和不平衡不充分的发展之间的矛盾，随着生活水平的不断提高，人民期待天更蓝、地更绿、水更清，提供更多优质生态产品已成为社会主义现代化建设的重要任务。13亿多人对优质生态产品的巨大需求，必将产生强大的拉动力，带动林业不断提升生态产品生产能力。然而如何促进土地资源的进一步优化以匹配人民的需求仍是新时代不可避免的一大难题。农村集体土地是农业生产最基本的劳动生产资料和劳动对象，是农民赖以生存的物质保障，其优化配置效率直接影响着农民的物质生活水平。我国土地管理以保证国家土地资源最合理有效的利用为首要目标，以土地持续利用为基本前提，为促进国家社会经济的全面发展提供基本保证，而现阶段我国农村集体土地利用具有类型多样、空间差异明显、利用水平不平衡等特点，用地结构不合理、经营管理粗放、耕地数量剧减、土地闲置浪费普遍、土地退化严重等问题亟待解决。通过开展关于集体土地变化的研究，分析林改后集体土地的变化特征，探究林改后集体土地变化的驱动机制，以期掌握集体土地变化的规律，完善农村土地制度改革，推动新时代集体土地资源合理优化配置，实现集体土地资源利用效率最大化。

二、进一步完善集体土地制度，助力乡村振兴

我国农村土地产权制度从农民私有到集体所有，经过了几十年的发展并通过土地登记逐步稳定下来。中国正处于新时代与新阶段，集体土地制度也面临新的时代背景，要求其因时而变。集体土地制度的完善方向在于：结合深化供给侧结构性改革，克服无效、低效集体土地供给，扩大优质增量集体土地供给；结合生态文明建设，推动绿色可持续土地使用与发展；贯彻以人民为中心的发展思想，改革农村土地制度，增加农民财产性收入，推进农村社会资源高效合理配置。因此，在完善集体土地制度的过程中可以解决农村多方面问题，并且集体土地制度的完善程度紧密联系着解决农民、农村、农业即“三农”问题的乡村振兴战略。乡村振兴战略的实质是对乡村地域系统中要素的重组、对空间的重构、对功能的提升，其中土地要素是至关重要的，因此在这个系统提升过程中，需要对集体土地制度进行实事求是的研究。林改后集体土地变化的研究，旨在探求农村集体土地资源变化的客观规律，寻找更有利于资源配置靠向解决“三农”问题的土地制度，并最终助力乡村振兴。

三、探索新阶段集体林权制度深化改革路径

党的十九届四中全会审议通过《中共中央关于坚持和完善中国特色社会主义制度、推进

国家治理体系和治理能力现代化若干重大问题的决定》明确指出：要深化农村集体产权制度改革。集体林权制度改革（下文简称林改）使得集体土地中最主要的林地产权更加明晰，加速了集体土地的流转变动。如今习近平总书记提出的“绿水青山就是金山银山”的理念，引导着各地区经济发展不断往生态化、可持续化方向发展靠近，“退耕还林还草”等一系列生态措施也不断渗透到土地资源发展的规划中来，促进了各类集体土地类型的转变。近几年是中国集体林权制度深化改革及农村集体产权制度深化改革走向新阶段的重要时间节点，林改后集体土地变化的研究不仅是中国集体林权制度深化改革的检验，更是新阶段集体林权制度深化改革路径的探索。本研究旨在推动新阶段的集体林改更好地统筹、协调好各类集体土地规模变化与结构变化，让经济效益和生态效益相融统一，使新阶段集体林权制度进一步深化改革。

四、寻求林业经济高质量可持续发展方向

农村集体土地中，集体林地占着最大比重，且集体林是培育森林资源的重要基地，是维护国家生态安全的重要基础。然而，森林资源增长缓慢与社会对林业日益增长的多种需求之间的矛盾仍为现阶段林业面临的主要矛盾。因此，如何实现林业经济高质量发展且保持发展道路的可持续性是当前亟待解决的问题。自2008年以来，我国全面推广集体林改，并取得重大成果，集体林业焕发出新的生机，上亿农户直接受益，实现了“山定权、树定根、人定心”。然而现阶段，林业的发展还存在产权保护不严格、生产经营自主权落实不到位、规模经营支持政策不完善、管理服务体系不健全等问题。结合林改后集体土地变化的探索研究，以期寻找出新阶段能推动林业经济高质量、可持续发展方向，在提升林业经济发展质量的同时，坚持“绿水青山就是金山银山”的理念，充分发挥集体林业在维护生态安全、实施精准脱贫等方面的作用，以保证农村经济社会的可持续发展。

林改后集体土地变化特征

2003年《中共中央、国务院关于加快林业发展的决定》的颁布实施，标志着中国新一轮集体林改正式启动实施。同年，作为国家林业局确定的主要试点省份之一，福建省开始率先实施林改。作为率先开启新一轮林改的省份，福建省受林改的影响时间也是最久的，林改后集体土地的变化区间也是最长远的，至2021年已有18年，且福建省林地面积是占全省土地的绝大部分的土地类型。以下关于林改后集体土地变化的研究，主要以全国为单位分析总体变化趋势，再结合首批林改试点之一的福建省为具体分析对象，从历年的《中国国土资源统计年鉴》选取2003、2005、2007、2009、2011、2013、2015、2017年，共8年的数据为分析依据，探讨林改后集体土地的变化特征。

一、规模变化特征

（一）全国农用地规模变化特征分析（表 1-1）

1. 耕地规模变化特征

2003—2009年，全国耕地的面积呈逐步减少的变化趋势，但减少的面积数量两年内不超过200万公顷，除2005年耕地面积较2003年减少了131.22万公顷变化幅度较大，之后耕地面积呈逐年少量减少的趋势。全国耕地面积的变化在2010年前后呈现显著的数量差距。在2011年，耕地面积比2009年急剧增加1352.26万公顷，然后继续保持逐年减少的变化趋势。总体而言，全国的耕地在全面推进林权制度改革的2008年之后，经历了一个急剧的转变，即2009—2011年，全国耕地面积急剧增加。

表 1-1 2003—2017 年全国农用地规模变化特征

万公顷

年份	农用地面积	耕地	林地	园地	牧草地	其他
2003	65706.15	12339.22	23396.76	1108.16	26311.18	2550.83
2005	65704.00	12208.00	23574.00	1155.00	26214.00	2553.00
2007	65702.00	12174.00	23612.00	1181.00	26186.00	2549.00
2009	65687.70	12171.60	23609.20	1179.10	26183.50	2544.30
2011	64686.53	13523.86	25356.00	1460.34	21961.50	2384.83
2013	64616.84	13516.34	25325.39	1445.46	21951.39	2378.26
2015	64545.68	13499.87	25299.20	1432.33	21942.06	2372.22
2017	64486.36	13488.12	25280.19	1421.42	21932.03	2364.60

2. 林地规模变化特征

在2008年集体林改全面推广前，全国的林地面积变化较为平缓，但在2003—2005年，随着林改试点工作的开展，2005年全国林地面积较2003年增加了177.24万公顷。全国林地面积变化幅度最大的时间区间为2009—2011年，全国林地面积增加了1746.80万公顷，而在2011年后，林地面积逐步缓慢减少，但每年的减少幅度低于20万公顷。

3. 园地规模变化特征

园地面积在农用地面积中一直是占比最少的一类，林改后园地的面积变化同样呈现了增减交替的趋势，2003—2007年，全国园地面积呈逐年增加的趋势，增加了72.84万公顷，2009年比2007年减少了1.90万公顷后，2011年园地面积比2009年剧增281.24万公顷，之后以低于15万公顷的变化幅度逐年减少。

4. 牧草地规模变化特征

牧草地规模在2003—2009年期间均高于林地面积。2003—2007年，全国牧草地面积呈现不断减少的变化趋势，且在2009年后急剧减少。2003—2009年，全国牧草地减少面积为127.68万公顷；2009—2011年，全国牧草地减少了4222.00万公顷，且2011年后仍保持逐年下降的趋势。

（二）福建省农用地规模变化特征分析（表 1-2）

1. 耕地规模变化特征

福建省的耕地面积变化特征与全国变化趋势有较大区别，2003—2005年福建省耕地面积增加6.83万公顷，在2005—2007年减少10.16万公顷，2007年后耕地面积出现增减交替的情况，但总体的变化幅度不超过1万公顷，最大的变化幅度出现在2007—2009年，耕地面积增加了0.87万公顷。

表 1-2 2003—2017 年福建省农用地规模变化特征 万公顷

年份	农用地面积	耕地	林地	园地	牧草地	其他
2003	1077.81	136.64	833.17	61.43	0.27	46.30
2005	1076.46	143.47	833.10	61.94	0.26	37.69
2007	1074.01	133.31	831.10	63.05	0.26	46.29
2009	1098.87	134.18	837.94	81.52	0.03	45.20
2011	1093.99	133.79	835.82	79.67	0.03	44.68
2013	1090.82	133.87	834.70	78.22	0.03	44.00
2015	1088.02	133.63	833.64	77.30	0.03	43.43
2017	1086.24	133.69	832.76	76.65	0.03	43.11

2. 林地规模变化特征

福建省在开展林改试点工作的初期并没有出现林地大规模增长的现象，2003—2007年，林地面积甚至减少了2.07万公顷，而在林权制度改革全面推广后，2009年福建省林地面积较2007年增加了6.84万公顷，总林地面积达到了837.94万公顷，占全省农用地面积的76.25%，占全国林地面积的3.55%。在2009年后，福建省林地面积逐年减少，年均减少面积在2万公顷以内。

3. 园地规模变化特征

福建省园地类型为少量的茶园与果园，园地面积最高值为2009年的81.52万公顷，而2003—2007年，福建省园地面积仅有61.43万～63.05万公顷，在2007—2009年园地面积增加了18.47万公顷，但在2009年后园地面积逐年在减少，总体变化趋势和全国园地面积变化相似。

4. 牧草地规模变化特征

福建由于特殊的地貌及气候，牧草地面积最高时仅为0.27万公顷，其变化趋势同样为逐年减少，且于2007—2009年期间，牧草地面积还发生了急剧减少的现象，减少面积为0.23万公顷。自2009年后，福建省总牧草地面积保持在0.03万公顷以下，且还在不断减少。

（三）全国建设用地规模变化特征分析

根据表1-3的2003—2017年全国建设用地利用情况数据分析可以得出，全国建设用地的规模总体情况在2003—2017年间总体面积呈不断上升的趋势，增加了850.94万公顷，上升了27.39%，从增长率来看，呈现先上升后下降的趋势，其中2007—2009年的涨幅最大，面积增加了227.96万公顷，增长了6.97%。城镇村及工矿用地的规模在建设用地总体面积中所占比重最大，规模面积呈现逐年上升的趋势，截至2017年，面积增加了677.68万公顷，上升了26.73%，从每年的增长率来看，也呈现先上升后下降的趋势，其中2007—2009年增长率最大，规模面积增加了209.21公顷，增长率为7.85%；交通运输用地面积也呈现不断增加的趋势，面积增加了168.83万公顷，上升了78.70%，增加的比例最大，从每年的增长率来看，也呈现先上升后下降的趋势，其中2007—2009年的面积增长幅度最大，增长率为15.52%；水利设施用地面积的变化特征是先不断上升，到2007—2009年期间呈现下降趋势，下降了5.28%，2011年之后又上升了，总体增长面积是4.42万公顷，增长幅度是1.24%，趋向于平稳，增长幅度是三种建设用地类型中最少的。

表 1-3　2003—2017 年全国建设用地利用情况

万公顷、%

年份	城镇村及工矿用地面积	城镇村及工矿用地增长率	交通运输用地面积	交通运输用地增长率	水利设施用地面积	水利设施用地增长率	总体面积	总体面积增长率
2003	2535.42	—	214.52	—	356.53	—	3106.47	—
2005	2601.50	2.61	230.90	7.64	359.90	0.95	3192.20	2.76
2007	2664.70	2.43	244.40	5.85	362.90	0.83	3272.00	2.50
2009	2873.91	7.85	282.32	15.52	343.73	–5.28	3499.96	6.97
2011	2972.61	3.43	310.74	10.07	348.40	1.36	3631.76	3.77
2013	3060.73	2.96	334.49	7.64	350.42	0.58	3745.64	3.14
2015	3142.98	2.69	359.14	7.37	357.21	1.94	3859.33	3.04
2017	3213.10	2.23	383.35	6.74	360.95	1.05	3957.41	2.54

（四）福建省建设用地总体变化特征

表 1-4　2003—2017 年福建省建设用地利用情况

万公顷、%

年份	城镇村及工矿用地面积	城镇村及工矿用地增长率	交通运输用地面积	交通运输用地增长率	水利设施用地面积	水利设施用地增长率	总体面积	总体面积增长率
2003	44.17	—	6.32	—	5.93	—	56.42	—
2005	46.10	4.37	6.70	6.01	6.00	1.18	58.90	4.40
2007	49.40	7.16	7.60	13.43	6.10	1.67	63.10	7.13
2009	55.41	12.17	8.32	9.47	6.99	14.59	70.72	12.08
2011	58.22	5.07	9.77	17.43	7.05	0.86	75.04	6.11
2013	60.85	4.52	10.71	9.62	7.10	0.71	78.66	4.82
2015	62.82	3.24	11.98	11.86	7.18	1.13	81.97	4.21
2017	64.09	2.02	13.08	9.18	7.25	0.97	84.42	2.99

根据表1-4的2003—2017年福建省建设用地利用情况分析得出，福建省建设用地规模面积总体呈现上升的趋势，总体面积增加了28.00万公顷，增长了49.63%，增长率先上升后下降。其中2007—2009年的增长率最大，增长了7.62万公顷，增长率为12.08%。福建省的城镇村及工矿用地面积所占福建省的建设用地的比重最大，2017年占比75.92%以上；2003—2017年，城镇村及工矿用地的规模面积变化特征大致呈现不断上升的趋势，增加面积19.92万公顷，上涨45.10%，增长率先上升后下降；其中2007—2009年的规模面积增长率变化最大，上涨了12.17%，面积增加了6.01万公顷；2015—2017年的增长幅度最小，增长率为2.02%。交通运输用地规模和水利设施用地规模面积总体变化特征呈上升趋势，增长面积分别为6.76万

公顷和1.32万公顷，总体增长分别为106.96%和22.26%；其中交通运输用地规模增长率变化特征呈现一升一降相互循环的趋势，2009—2011年增长率最大，增长率为17.43%；水利设施用地面积增长率变化特征呈现先上升后下降的趋势，2007—2009年增长率最大，增长率为14.59%。

二、类型变化特征

（一）林改后全国集体土地被征用为国有土地数量变化特征

表 1-5 2003—2017 年全国征用土地面积情况

年份	全国征用土地面积（平方千米）	全国征用土地变化值（%）
2003	1605.6	—
2005	1263.5	–21.31
2007	1216.0	–3.76
2009	1504.7	23.74
2011	1841.7	22.40
2013	1831.6	–0.55
2015	1548.5	–15.46
2017	1934.4	24.92

根据表1-5的数据分析得出，从全国范围征用土地的面积变化特征来看，呈现先下降后上升再下降再上升的趋势：其中2017年是征用土地面积最多的一年，征用面积是1934.4平方千米；征用土地面积最少的一年是2007年，征用面积是1216.0平方千米，2003—2005年期间土地征用面积下降幅度最大，下降了21.31%，下降面积为342.1平方千米；2007—2011年期间土地征用面积呈现上升的趋势，上升了51.45%；2011年后全国征用土地面积呈现小幅度的下降趋势；2013—2015年期间下降幅度突然加大，下降了15.46%；2015年之后，全国土地征用面积又恢复上升趋势，上升了24.92%，增长幅度为2003—2017年间之最。

（二）林改后福建省集体土地被征用为国有土地数量变化特征

表 1-6 2003—2017 年福建省征用土地面积情况

年份	福建省征用土地面积（平方千米）	福建省征用土地变化值（%）
2003	66.0	—
2005	31.8	–51.82
2007	29.2	–8.18
2009	17.8	–39.04
2011	51.7	190.45
2013	86.9	68.09
2015	100.2	15.30
2017	70.5	–29.64

从福建省征用土地的面积变化特征来看，呈现先下降后上升再下降的变化趋势。其

中2009年是征用面积最少的一年，征用面积为17.8平方千米；2015年是征用面积最多的一年，征用面积是100.2平方千米。在2003—2005年期间，征用面积下降的幅度最大，下降了51.82%；在2009—2011年，征用面积增长幅度最大，增长率为190.45%。

三、结构变化特征

（一）全国农用地结构变化特征

2003年全国农用地结构中面积最大的是牧草地，其面积为26311万公顷，占全国农用地总面积的40%；其次是林地，其面积为23397万公顷，占全国农用地总面积的35%；再次是耕地，其面积为12339万公顷，占全国农用地总面积的19%；园地和其他农用地面积分别是1108万公顷和2551万公顷，分别占全国农用地总面积的2%和4%（表1-7）。

表 1-7　2003—2017 年全国农用地面积及结构占比　　万公顷、%

年份	全国农用地				
	耕地	园地	林地	牧草地	其他
2003	12339（18.78）	1108（1.69）	23397（35.61）	26311（40.04）	2551（3.88）
2005	12208（18.58）	1155（1.76）	23574（35.88）	26214（39.90）	2553（3.89）
2007	12174（18.53）	1181（1.80）	23612（35.94）	26186（39.86）	2549（3.88）
2009	12172（18.53）	1179（1.79）	23609（35.94）	26183（39.86）	2544（3.87）
2013	13516（20.92）	1445（2.24）	25325（39.19）	21951（33.97）	2378（3.68）
2015	13410（20.81）	1432（2.22）	25299（39.26）	21942（34.02）	2372（3.68）
2017	13488（20.92）	1421（2.20）	25280（39.20）	21932（34.01）	2365（3.67）

2017年全国农用地结构中面积最大的是林地，其面积为25280万公顷，占全国农用地总面积的39%；其次是牧草地，其面积为21932万公顷，占全国农用地总面积的34%；再次是耕地，其面积为13488万公顷，占全国农用地总面积的21%；园地和其他农用地面积分别是1421万公顷和2365万公顷，分别占全国农用地总面积的2%和4%。

2003—2017年间全国农用地结构变化较大。在2003年结构占比最高的牧草地（40%），在2009—2013年间，其面积由2009年的26183万公顷减少至2013年的21951万公顷，下降16.64%，在全国农用地结构占比中的比重下降6个百分点，并仍在逐年降低。林地面积分别于2005年上升至23574万公顷，结构占比上升至36%；于2013年上升至25325万公顷，比2003年增长8.05%，结构占比上升至39%，在全国农用地结构占比中的比重上升4个百分点，超过牧草地成为全国农用地结构中占比最大用地。除此之外，全国农用地中耕地面积结构占比呈现先下降后上升的趋势，耕地从2003—2009年，其面积从12339万公顷下降至12172万公顷，结构占比19%下降至18%；在2009—2013年间出现面积上涨，占比上升，其面积从12172万公顷上升至13516万公顷，结构占比从18%上升为21%，超过2003年水平，2013年后则维持这一水平未有大变化。总体来看，2017年耕地面积较2003年增长9.31%，在全国农用地结构占比中上升2个百分点。由于园地面积基数小，其变化表现为增长幅度大，但整体农用地中结构占比几乎无变化，其2017年面积较2003年增长28.25%，在全国农用地结构占比中的比例不变，维持在2%的水平。其他农用地则变化轻微，其2017年面积出现小幅度减少，较2003年减少7.29%，整体结构占比几乎无变化，维持在4%的水平（表1-8）。

表 1-8 2003—2017 年全国农用地面积及变化 万公顷

项目	耕地	园地	林地	牧草地	其他
2003 年面积	12339	1108	23397	26311	2551
2017 年面积	13488	1421	25280	21932	2365
面积变化（%）	9.31	28.25	8.05	–16.64	–7.29

（二）福建省农用地结构变化特征

在福建省内，依据中国国土资源统计年鉴数据所得，2003年福建省农用地中林地面积为833.17万公顷，结构占比为77.30%，稳居第一；其次是耕地，其面积为136.64万公顷，结构占比为12.68%；再次是园地，面积为61.43万公顷，结构占比为5.70%；其他用地面积为46.30万公顷，结构占比为4.30%；最少的是牧草地，其面积为0.268万公顷，结构占比仅为0.02%（表1-9）。

表 1-9 2003—2017 年福建省农用地面积及结构占比 万公顷、%

年份	福建省农用地面积				
	耕地	园地	林地	牧草地	其他
2003	136.64 (12.68)	61.43 (5.70)	833.17 (77.30)	0.268 (0.02)	46.30 (4.30)
2005	143.47 (13.33)	61.94 (5.75)	833.1 (77.39)	0.26 (0.02)	37.69 (3.50)
2007	133.31 (12.41)	63.05 (5.87)	831.1 (77.38)	0.26 (0.02)	46.29 (4.31)
2009	134.178 (12.21)	81.522 (7.42)	837.935 (76.25)	0.026 (0.0024)	45.204 (4.11)
2011	133.791 (12.23)	79.670 (7.28)	835.821 (76.40)	0.027 (0.0025)	44.679 (4.08)
2013	133.874 (12.27)	78.223 (7.17)	834.697 (76.52)	0.029 (0.0027)	43.999 (4.03)
2015	133.63 (12.28)	77.3 (7.10)	833.64 (76.62)	0.0287 (0.0026)	43.43 (3.99)
2017	133.69 (12.31)	76.65 (7.06)	832.76 (76.66)	0.0281 (0.0026)	43.11 (3.97)

据2017年中国国土资源统计年鉴数据，2017年福建省农用地结构中面积最大的仍然是林地，其面积为832.76万公顷，占福建省农用地总面积的76.66%；其次是耕地，其面积为133.69万公顷，占农用地总面积的12.31%；再次是园地，其面积为76.65万公顷，占农用地总面积的7.06%；其他农用地面积是43.11万公顷，占农用地总面积的3.97%；面积最小的是牧草地，其面积是0.0281万公顷，占比0.0026%。

从福建省2003—2017每两年间的数据可以得出，从整体上看，2003—2017年间福建省农用地结构变化幅度未超过1.5%，只有轻微结构变化，福建省农用地这些年来一直保持一个相对不变的内部结构，林地最多，牧草地最少。从2017年数据来看，耕地面积较2003年减少了2.16%，在福建省农用地结构中比重下降了0.37个百分点；园地面积较2003年增长24.78%，在福建省农用地结构中比重上升了1.36个百分点；林地面积较2003年减少了0.05%，在福建省农用地结构中比重下降了0.64个百分点；牧草地面积较2003年减少了89.51%，减少幅度很大，但是由于其基数实在太小，其在福建省农用地结构中比重下降了仅0.02个百分点；其他农用地面积较2003年减少了6.89%，在福建省农用地结构中比重下降了0.33个百分点（表1-10）。

表 1-10 2003—2017 年福建省农用地增幅变化

项目	福建省农用地增幅变化（万公顷）				
	耕地	园地	林地	牧草地	其他农用地
2003 年面积	136.64	61.43	833.17	0.268	46.3
2017 年面积	133.69	76.65	832.76	0.0281	43.11
面积变化（%）	–2.16	24.78	–0.05	–89.51	–6.89
结构占比变化（%）	–0.37	1.36	–0.64	–0.02	–0.33

（三）全国农用地转建设用地变化特征

根据中国国土资源统计年鉴数据可得，2003—2017年间全国农用地转建设用地面积整体变化上呈现先增加后减少的趋势，具体来看，自2003—2005年，全国农用地转建设用地面积从275481.34公顷小幅降低至252958.39公顷；2005—2007年间面积小幅增加至274365.52公顷；2007—2009年间增幅巨大，由2007年的274365.52公顷增加至413793.10公顷，2009年后农用地转建设用地面积逐年不断下降，并于2017年降至最低值230060.98公顷（表1-11）。

表 1-11 2003—2017 年全国农用地转建设用地变化情况

年份	全国农用地转建设用地（公顷）	耕地转建设用地（公顷）	占比（%）
2003	275481.34	192000.34	69.70
2005	252958.39	170068.28	67.23
2007	274365.52	176879.79	64.47
2009	413793.10	244356	59.05
2011	410538.55	253021.01	61.63
2013	372392.16	219620.36	58.98
2015	279944.55	159400.27	56.94
2017	230060.98	135617.54	58.95

从全国耕地转建设用地数据看，2003—2017年间全国耕地转建设用地变化趋势几乎与农用地转建设用地起伏一致，均在2003—2015年间小幅下降，2005—2009年间上升，且在2007—2009年间涨幅最大，于2009—2011年间处于高峰，后逐年下降，于2017年降至最低135617.54公顷。

（四）福建省农用地转建设用地变化特征

2003—2017年间福建省农用地转建设用地面积变化较全国变化趋势较为不同，从福建省面积变化整体看来，在2003—2015年间，呈现出增减交替的波浪形，大致波动范围在12000～17000公顷之间，未出现大范围的起伏。值得一提的是，在全国农用地转建设用地面积变化幅度最大的2007—2009年间，福建省农用地转建设用地面积却处于最低变化幅度水平。同时，2015—2017年间福建省农用地转建设用地面积超过波动范围不断下降，2017年降低至2013—2017年间最低水平，面积仅为7715.44公顷，与2013年面积最高水平（16956.04公顷）相比降幅约为54.50%（表1-12、图1-1）。

表 1-12 2003—2017 年福建省农用地转建设用地变化情况

年份	农用地转建设用地（公顷）	耕地转建设用地（公顷）	占比（%）
2003	12265.73	7323.91	59.71
2005	16345.82	7337.84	44.89
2007	13950.79	7186.59	51.51
2009	16279.94	6623.38	40.68
2011	13345.14	5621.39	42.12
2013	16956.04	7461.45	44.00
2015	12268.71	5023.63	40.95
2017	7715.44	2782.52	36.06

从福建省耕地转建设用地数据看，变化趋势与福建省农用地转建设用地不相同。2003—2007年间，福建省耕地转建设用地维持相对稳定的水平，2007年后耕地转建设用地面积逐渐下降，于2011年降至最低水平5621.39公顷，2011—2013年间陡然上升，耕地转建设用地面积在2013年达到最高水平7461.45公顷。2013年后面积逐年大幅下降，并于2017年下降至最低水平2782.52公顷。

（五）全国及福建省集体土地结构变化特征

2003—2017年间全国农用地结构变化较大（表1-7）。2003年在全国农用地结构占比最高的牧草地（40%），在2017年比重下降6个百分点，并仍在逐年降低。林地面积结构占比在2017年为39%，上升4个百分点，超过牧草地成为全国农用地结构中占比最大用地。而耕地面积结构占比呈现先下降后上升的趋势，由19%下降至18%又上升为21%。而从全国耕地转建设用地数据看（表1-11），全国耕地转建设用地变化趋势几乎与农用地转建设用地起伏一致，均在2003—2005年间小幅下降，2005—2009年间上升，且在2007—2009年间涨幅最大，于2009—2011年间处于高峰，后逐年下降，于2017年降至最低。

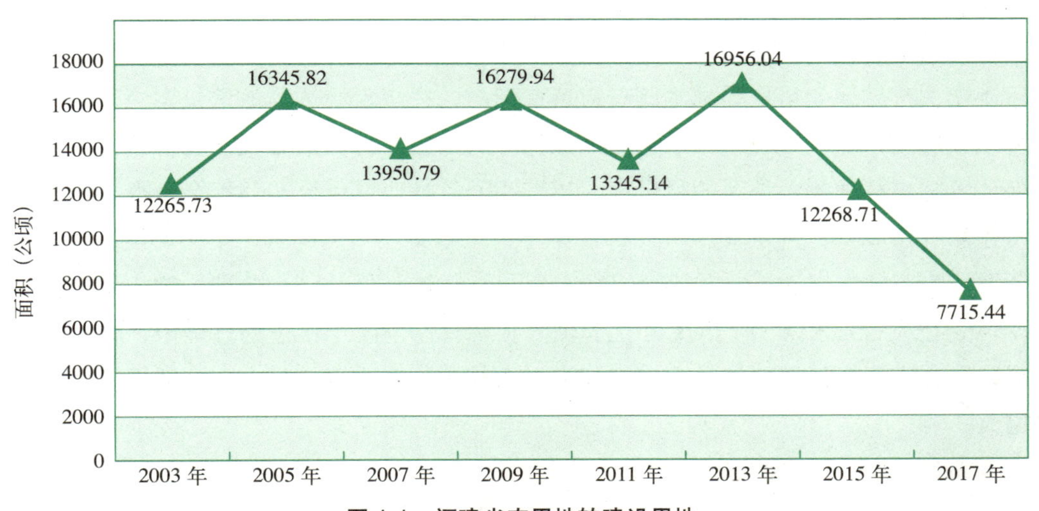

图 1-1 福建省农用地转建设用地

2003—2017年间福建省农用地结构变化较小（表1-9）。从整体上看，自2003—2017年间，福建省农用地一直保持一个相对不变的内部结构，变化幅度未超过1.5%，只有轻微结构变化，林地最多，牧草地最少。从2017年数据来看，与2003年相比，耕地在福建省农用地结构中比重下降了0.37个百分点；园地面积比重上升了1.36个百分点；林地面积比重下降了0.64个百分点；牧草地面积比重下降了仅0.02个百分点；与全国农用地结构对比，福建省农用地结构最大的差异在于牧草地在农用地结构中的占比大幅小于在全国的占比，而林地在农用地结构的占比则远超全国的占比。从福建省耕地转建设用地占农用地转建设用地比例数据来看，福建省耕地转建设用地的比例并不高，低于全国比例，且该数据在逐渐降低。

林改后集体林地变化的影响因素和驱动机制

一、林改后集体林地变化的影响因素分析

集体林地在集体土地中占最大比重，林权制度改革最直接影响着林地资源的增减变化，而影响林地变化的因素有多种：林改政策的不断推进，使得林地权属得到确认，增强农户的生产积极性，推动林地规模扩大；生态文明建设保证林地资源生态安全的同时，也限制了林地结构变动以及林地资源的利用；城镇化导致农民“非农化”倾向的提升，劳动力外流造成林地粗放经营，甚至撂荒，林地质量下降且林地资源的使用效率低；人地矛盾的爆发导致林农消极营林甚至“抛荒式”营林，打击了集体林地的资源配置优化程度；林业生产周期长，见效慢的特征，导致林农在经营过程中可能要承担自然风险和经济风险，影响着林地经营规模的变动。

（一）林改政策对集体林地变化的影响

林权制度改革政策的贯彻落实和逐步深化是造成集体林地变化最主要的影响因素：2003年，中共中央、国务院发布《关于加快林业发展的决定》，福建作为试点省份率先进行了以“明晰产权，放活经营权，落实处置权，保障收益权”为主要内容的集体林改。通过颁布林权证的方式，将30年的林地承包权、林木所有权、处置权和收益权交到了林农手中，极大促进了林农的生产积极性。2008年6月8日，中共中央、国务院发布了《关于全面推进集体林权制度改革的意见》，其中提出，在坚持集体林地所有权不变的前提下，通过依法实行土地承包经营制度，将林地使用权和林木所有权落实到户，并规定集体林地承包期为70年，承包期满，可以按照国家相关规定继续承包。《意见》的出台，再次给林权证的合法性上了一道保险，保证了林农林地承包关系的稳定性。相较2003年林改试点至2008年全面推进林改，全国森林覆盖率从18.21%上升至20.36%。2013年中央一号文件明确提出，要深化集体林改，提高林权证发证率和到户率。截至2017年年底，全国确权林地面积1.8亿公顷，纳入集体林改面积的98.97%，已发证面积累计达到1.76亿公顷。在林权制度改革推进的过程中，林地权属的确认使得林农生产积极性得到提升，农户加大对于林地生产要素的投入，林地规模自林改以来逐年增大。

（二）生态文明建设对集体林地变化的影响

林业既是一项重要的公益事业，又是一项重要的基础产业，不仅承担着生产生态产品、

维护生态安全的重要职责，而且承担着生产物质产品、保障林产品供给的重要使命。新中国成立以来，党和国家始终高度重视林业工作，把加快林业发展、加强生态建设放在重要战略位置。建设生态文明在2007年中共十七大报告中正式提出，中共中央总书记胡锦涛在报告中谈到实现全面建设小康社会奋斗目标的新要求时，提出要“建设生态文明”。2009年，首次中央林业工作会议明确了林业在贯彻可持续发展战略中具有重要地位。我国一方面，人均资源不足，人均耕地、淡水、森林仅占世界平均水平的32%、27.4%和12.8%，石油、天然气、铁矿石等资源的人均储量也明显低于世界平均水平；另一方面，由于长期实行主要依赖增加投资和物质投入的粗放型经济增长方式，能源和其他资源的消耗增长很快，生态环境恶化的问题也日益突出。土地资源是人类生存的基本资料和劳动对象，其中林地资源在生态文明建设过程中也是极为重要的一个保护对象，传统的林业经济主要依靠高强度的开采、消费及破坏自然生态资源与环境得以发展，而在生态文明建设的过程中，林木的无度采伐被明令禁止。因此，在生态文明建设保证林地资源生态安全的同时，林地结构变动以及林地资源的利用受到了相应的限制。

（三）城镇化进程对集体林地变化的影响

随着我国城镇化进程的不断推进，相应配套设施的建设也在不断发展，建设用地的需求不断扩大，而在有限的土地资源的情况下就逐渐影响到林地资源的规模变化。城镇化促进房地产开发和工业的发展，从而促城镇村及工矿用地的增加。根据近几年的国家统计局数据，我国的社会固定资产投资总额、房地产开发额、工业开发投资额等皆处于不断上升的状态，这表明城镇开发建设力度的不断加强，城镇村及工矿用地不断增加，间接影响林地面积的变化。近年来，随着城镇化进程的加快，农村二、三产业迅速发展，农民的非农就业门路不断增加，而对林地的依赖性日趋下降，加上林业生产周期长，从事农业收入微薄且不稳定。在外出打工收入与在家种树收入反差的刺激下，农民对种树缺乏兴趣，劳动力流向城镇。部分地方外出人数不仅数量大，而且有的举家外出打工。外出大都是青壮年和有一些劳动技能的，留下的多为老弱病残，劳动能力和素质都较差，基层组织也没有采取有效的措施加以引导或适当调整，出现农民对承包的林地粗放经营，甚至撂荒的现象，导致林地缺乏管理，林地质量下降且林地资源的使用效率低。

（四）人地矛盾对集体林地变化的影响

土地制度是农村、农业的核心制度，也是农民的核心关切。改革开放以来，我国农村土地制度改革的一个明显走向就是不断明确和稳定土地的产权，不断扩大农民的土地权利。自1993年以来，在全国逐渐推行的以“增人不增地，减人不减地”为核心内容的“湄潭经验”，从总体上来看，这有利于稳定农村地权，进而稳定农民的心理预期，激励农民增加对土地的投入，提高土地的利用效率。然而，在农村社会中，相当一部分农民群众因为“生不增死不减”政策导致的村庄土地占有不均衡而引发矛盾与紧张的现象，即“人地矛盾”。农民群众对于现有农地制度所带来的村庄成员土地占有不均衡感到困惑和不满，甚至产生了失衡的心理，由此引发了拒缴集体土地承包费、拒绝履行村庄义务等新型纠纷。此种人地矛盾的爆发，导致林农觉得林地面积过少难以维持生计，而消极营林甚至“抛荒式”营林，即放任林木自然生长，采伐期到了再伐木出售，这种缺乏管理、低投入的种植模式同样打击了集体林地的资源配置优化程度。

（五）林业生产特征对集体林地变化的影响

林业具有生产周期长，见效慢的特征，林农在经营过程中可能要承担自然风险和经济风险。首先，林业在经营过程中可能会遭遇自然灾害，比如火灾、病虫害等。一旦遇到自然灾害，必然对林农的经济收益产生巨大的负面影响。其次，根据林改后的政策调整，杉木的经营周期为26年左右，马尾松的经营周期为30年左右，在较长的生产周期内，林农难以预测到林产品市场的变化，被迫要承担市场变化的风险，打击了林农扩大经营规模的积极性。再者，林业的长期经营需要投入大量的资金，且短期内无法获得可观的效益，因此林农要承担收入不稳定的风险，尤其对于有意向扩大林业经营规模的林农。最后，由于林业具有生态效益，也必须承担为了保护生态环境而面临采伐限额，甚至放弃采伐的风险。林农经营林业的主要目的之一是获得经济收入，当林产品市场出现供不应求，林产品价格不断上涨时，林农对林业的经营前景会有一个利好的预判，刺激林农投资林业的积极性，林农会在这个时候选择扩大林地的经营规模，以获得更高的林业收入。相反的，当林产品市场供大于求，林产品滞销，价格下跌时，林农会出现放弃扩大经营规模甚至减少经营规模的行为。林产品市场的稳定、林产品的价格，对林业收入的预期都影响着林地经营规模的变动。

二、林改后集体林地变化的驱动机制分析

林权制度改革后集体土地的变化主要受市场、政策和经济等方面的驱动影响：市场在资源配置中发挥着决定性的作用，驱动集体土地的经营主体根据生产要素市场和市场资源配置调整自身的生产要素投入行为及生产积极性的高低；政策则起着宏观调控的作用，如补贴或税费政策将影响经营主体生产成本的增减，生态保护等维护公共利益的政策将限制集体土地经营者的生产行为；社会经济环境在变化的同时，农村社会经济也在向上发展，集体土地会发生的变化则表现为农业用地内部不同用地方式的出现和相互转变。总的来说，市场及政策直接或间接驱动着集体土地农户的生产行为及生产积极性等，并最终导致集体土地产生变化。

（一）市场驱动力

1. 农业就业人员减少且价格上升

中国自市场化改革以来，农村劳动力越来越多地转移到非农业部门就业，中远距离的外出务工越来越普遍。2003年农村人口76851万人，乡村就业人员47506万人，农业人员占比76.2%，2019年时农村人口为55162万人，乡村就业人员为33224万人，农业人员占比下降为58.5%，且农民工外出务工比例高达59.99%。农业劳动力大量外流从事其他产业的现象在逐年加剧，劳动力外流将导致农业从业人员少、人口老龄化等现象的爆发，最终导致集体土地出现产能下降甚至土地抛荒的现象。而由于农业劳动力供给的不足，进而刺激农业劳动力成本的上升。按不变价格计算，1978—2014年，劳动力价格上涨了16.47倍，超过了任何农业产品价格的上涨率，集体土地资源经营劳动力上涨的成本无法通过对应生产的农产品的上涨来弥补。农业劳动力的大量外流刺激农业劳动成本的明显上涨，农村劳动人口在面临生计选择时，对农业的观念也发生重大的变化，观念的变化进而影响农户农业经营行为的变化。农村劳动力放弃农业外出务工的趋势已经难以阻挡，集体土地的资源配置效率也将面临下降

的问题。

2. 集体土地租金呈现上升态势

农村集体土地流转租金呈不断上升的态势，主要是由于农地的垄断性、农地流转协调成本高、涉农政策以及农民对地租的心理价位脱离市场规律等多种因素共同促成的。以集体林地的租金为例，根据国家林业和草原局估计，2011年、2012年、2013年和2014年的集体林地年租金分别为174.15元/公顷、169.35元/公顷、342.9元/公顷和435.75元/公顷。以江西省新一轮集体林产权制度改革前后的集体林地流转为例，江西省2006年上半年松木林地的平均流转价格是11046.30元/公顷，比2005年上升45.60%，比2004年上升116.53%。2006年上半年的阔叶林平均流转价格是8466.45元/公顷，比2005年上升42.19%，比2004年上升97.98%。就竹林而言，年均租赁价格从2004年207元/公顷上升到2006年848元/公顷，使用权（10年）的流转价格从2004年1710元/公顷上升到2006年7290元/公顷。无林木的荒山租赁价格从2004年的78元/公顷上升到2006年的276元/公顷，同期流转价格从2025元/公顷上升到7560元/公顷。集体土地租金的上升将导致农业生产的成本大幅提升，在农产品价格下跌、成本上升等多重因素下，农业生产的积极性将受到打击，部分林业、农业大户或合作社等新型经营主体面临亏损等问题，最终导致退租及减少租地规模的现象频发。农业用地成本，必然会增加农地的非粮化甚至非农化风险，事关国家粮食安全。飙高的农业生产成本，将迫使农业主体不得不转向经济收益更高的“非粮化”种植养殖。同样，地租不断上升，种粮收益空间受到挤压，也将加剧非农化倾向，进而驱动农业用地转变为其他土地类型。

3. 农户细碎化程度增高且流转意愿下降

我国农地不仅规模小、产权主体数量众多，且在当前生产力阶段，很多农业投资活动具有“公共品”特征，这些投资活动往往是单个农民所无法或无力完成的，存在典型的土地细碎化问题。就林地而言，早在林业“三定”政策时期，“承包到户、人口众多、均分思想”三位一体的历史和制度因素就已共同导致林地细碎化格局基本形成，而在新一轮集体林改后，林地经营权细碎化程度得到了进一步提高。土地细碎化程度越高，抛荒的可能性就越大。随着非农产业的发展，农民的务农机会成本上升，细碎地块的比较效益进一步下降，农户有明显的土地抛荒行为倾向。土地流转能够有效避免土地抛荒，然而散户对土地的依赖性和土地性质决定其不愿意流出，而有流转意愿的新型农业主体，受近年来生态政策或可持续发展政策限制的影响，流转意愿下降，导致农地的流入及流出主体流转意愿都不高。农户细碎化程度增高，土地抛荒的现象越发频繁，数量越发增多。

（二）政策驱动力

1. 产权明晰驱动土地承包关系走向稳定

国家不断对我国的农村集体土地产权制度进行改革和调整，对应政策的相继推出有利于明晰集体产权的归属。2002年我国《土地承包法》的出台，承包方依法、自愿、有偿地进行土地承包经营权流转得到国家保护，在很大程度上弥补了农村土地流转尚无统一法律体系的问题，其后颁布的我国《物权法》宣示了农村土地承包经营权的物权性质，使得土地承包经营权流转在法律上的保障得到切实推进。在林地方面，2008年中共中央、国务院颁布的《关于全面推进集体林权制度改革的意见》中要求“将用5年左右的时间，基本完成明晰产权、承包到户的改革任务”。各类的集体土地都随着国家对应产权政策的推进而实现产权明晰，而明晰的产权有效推动了集体土地进行市场化的流转。截至2015年6月底，全国农村承包耕地流转面积达到2867万公顷，占承包耕地总面积的32.3%，是2008年流转土地面积的近4倍；全国经营耕地面积在3.3公顷以上规模的农户达到341万户。随着集体土地产权的稳定、土地承包关系的明晰，家庭农场、农民合作社、农业产业化企业等新型农业经营主体蓬勃发展，推动了现代农业的建设。土地产权制度改革的不断推进，我国农村集体土地产权结构不断得到调整，农民利益和权益进一步得到维护，土地在农民手中变成财产，土地价值进一步得到提升。改革加快了农村土地流转速度，使农地实现规模化经营，而且农村土地结构也得到了调整，集体土地转化为国有土地的数量也在不断呈现上升的趋势。

2. 生态政策对集体土地的限制

制度和政策是约束或引导人们行为的一种机制，生态政策是政府在面对资源约束趋紧、环境污染严重、生态系统退化的严峻形势，为了实现尊重自然、顺应自然、保护自然的生态文明理念、走可持续发展道路而推出的政策。党中央、国务院高度重视生态文明建设，先后出台了一系列重大决策部署，大力推动生态文明建设。在耕地保护方面，我国不断落实的耕地保护制度，坚决制止耕地“非农化”行为，严守耕地红线。为加强永久基本农田特殊保护，自然资源部同农业农村部先后印发了《关于全面实行永久基本农田特殊保护的通知》《关于加强和改进永久基本农田保护工作的通知》，从严管控非农建设占用永久基本农田，限制耕地“非农化”使用以及集体土地性质的转变。在林地保护方面，国家一直都严格限制林地资源的开采，林业局组织实施了《全国林地保护利用规划纲要》，推进实施天然林资源保护工程和重点国有林区天然林商业性停伐试点，积极开展森林可持续经营，严守林地和森林红线，避免林地资源的过度开发。在限制林地开发的同时，各地结合《中华人民共和国森林法》《中华人民共和国森林法实施条例》和《河北省实施〈中华人民共和国森林法〉办法》，实行严格的林木采伐限额管理，限制农户的林木处置权以及农户追求林业收入的自主权。

（三）经济驱动力

土地利用方式即土地利用的用途组成情况，可以反映社会经济活动的主要组成形式。由于城镇化是伴随工业化同向前进的，因此其根本特征是非农职能在农村地域的扩散和集聚，非农活动增强是城镇化的基本要义。传统农村主要以土地为直接劳动对象，从事农业生产活动，土地利用的目标和效益简单明确，土地利用的特征单一稳定，主要依赖土地的物质生产功能，即依赖于土地直接提供的物质产品。比如生长在土地上的动植物以及以土地为富源地的矿藏、原材料等生产资料。而且受自然及社会历史和农民自身条件影响，种植业居最主导地位，土地利用方式较单一，土地构成以耕地为主。城镇化使土地利用方式呈现出多元化态势。一方面，工业和第三产业的发展使农村地域部分耕地转变为工业用地、商业用地、旅游用地、娱乐用地、交通用地、仓储用地等非农用地。另一方面，由于农村社会经济发展，也表现为农业用地内部不同用地方式的出现，耕地转变为园地、林地、池塘、牧草地等。农村地域土地利用方式从第一产业形式到第二、第三产业形式，从种植业形式到经济作物生产形式，多种形式并存，经纬交织。城镇化进程中，从土地利用方式上看，不仅表现为总体用地结构的变化，农用地和未利用地减少，城镇及工矿用地、交通用地增加，而且也表现为农业用地内部结构变化、城镇内部用地结构变化等其他形式。

推进林地保护和经济协调发展的对策建议

一、贯彻落实“两山”理论，完善集体林地制度

推进新时代林地制度完善，既是一项长期的战略任务，又是一项复杂的系统工程，应坚持以习近平新时代中国特色社会主义思想和习近平“绿水青山就是金山银山”的“两山”理论为指导，认真践行新发展理念，以理论指导实践，完善集体林地制度。按照山水林田湖草是一个生命共同体的理念和系统治理、依法治理、综合治理、源头治理的要求，全面深化集体林地制度改革，不断完善林地相关的法律法规体系，加快推进林地治理体系和治理能力现代化。逐步解决产权保护不严格、生产经营自主权落实不到位、规模经营支持政策不完善、管理服务体系不健全等问题，以巩固和扩大集体林改成果。通过集体林权制度的进一步深化改革，以充分发挥集体林业在维护生态安全、实施精准脱贫、推动农村经济社会可持续发展中的重要作用。林权制度改革完善方向应以落实林权权益为核心，以加快新型林业经营体系建设、促进多种形式适度规模经营为重点，以推进林业供给侧结构性改革、培育发展新动能为动力，积极探索在生态保护前提下融合发展的新模式，着力构建集体林业良性发展机制，推进林业提质增效，实现林地资源的高效利用。

二、全面强化林地保护，打造绿色林业经济

坚持保护优先，切实守护具有战略意义的林地资源。加强林权管理，规划一经批准，对确认的林地，依据有关法律法规，统一确权发放林权证，做到图、文、表一致，人、地、证相符。规范林地林权流转行为，流转后不得改变规划林地用途，严格限制林地转为建设用地，森林面积要占补平衡，全方位坚守林地“红线”。着力构建以林业政策制度为指导的林地保护体系，深入推进林地资源整合优化，妥善处理林地保护突出问题，确保林地面积不减少、保护林地强度不降低、保护林地性质不改变。严格执行林地征占用管理，全面管护天然林、公益林、古树名木，在各地区开展森林督查、森林防火等工作。推进林业经济发展，必须牢固树立“绿水青山就是金山银山”的理念，在修复保护好绿水青山的同时，大力发展绿色富民产业，努力实现生态产业协调发展、多种功能充分发挥，既创造更多的生态资本和绿色财富，满足人民对良好生态的需要，又生产丰富的绿色林产品，满足人民对物质产品的需要。发展林业产业，关键要坚持节约资源、保护生态，扩大技术含量，优化产业结构，提升产业素质和资源利用水平。深入推进林业供给侧结构性改革，因地制宜扩大领先型产业，因势利导优化转移型产业，保护性支持培育战略型产业，加快形成优质高效多样化的林业供给体系，在更高水平上实现供需均衡。

三、坚持以人民为中心，推进林业现代化建设

推进林业现代化建设，要始终坚持发展为了人民、发展依靠人民、发展成果由人民共

享，将人民对美好生活的向往作为奋斗目标，着力提升林业综合生产能力，满足人民的个性化、多样化需求，让人民充分享受林业现代化建设成果。最大限度调动基层群众的主动性和创造性，激励人们自觉投身林业建设，最大限度维护群众利益，让人民群众在参与林业建设中获得更多实惠，在就业增收宜居中拥有更多的获得感和幸福感。推进实施乡村振兴战略，更好实现生态美、百姓富。加大深度贫困地区生态扶贫力度，助力精准脱贫，尽快把贫困地区和贫困人口一起带入全面小康。林业现代化是国家现代化的重要内容，是林业发展的努力方向，也是林业建设的根本任务。要以习近平新时代中国特色社会主义思想为指导，以建设美丽中国为总目标，以满足人民美好生活需要为总任务，坚持稳中求进工作总基调，按照推动高质量发展的要求，全面提升林业现代化建设水平。

四、加强林改改革创新，提升林业质量效益

改革创新是激发发展活力动力的根本举措。推进林业进一步发展，必须把改革的红利、创新的活力、发展的潜力有效叠加起来，加快形成持续健康的发展模式。要敢于在关键领域寻求突破，大胆创新产权模式，拓展集体林经营权权能，健全林权流转和抵押贷款制度，以吸引更多资本参与林业建设。推动林业转型升级，就是要遵循经济社会发展规律，适应人民群众的新需要，依靠科技进步的新动力，加强政策引导、调控和支持，加强结构和布局调整，推进管理和服务升级，培育新业态和新增长点，提高质量和效益。推进林业现代化建设，必须坚持数量质量并重，质量第一、效益优先，既保持量的扩张，更注重质的提高，在质的大幅提升中实现量的有效增长，推动林业发展由规模速度型向质量效益型转变，走出一条内涵式发展道路。提高林业发展质量，既要靠科技又要靠管理。要加强林业科技创新，继续实施林业科技扶贫、科技成果转移转化、标准化提升三大行动。要全面实施森林质量精准提升工程，着力提高森林、湿地、荒漠生态系统的质量和稳定性，全面提升优质生态产品生产能力。

2020

集 体 林 权 制 度 改 革 监 测 报 告

集体林区林地规模经济测度及其相关政策选择

研究背景

一、研究现状

集体林改很大程度上提升了我国的林业生产发展、农民收入以及完善了森林资源保护工作，但不可忽视的是使得林地的划分更加细小也更加分散，出现了林地细碎化的经营现状。

类比于土地细碎化，林地细碎化是指一个农户不得不经营一块以上的林地，而且这些林地中多数地块面积较小且相互不连接。自20世纪80年代初，我国南方集体林区推行林业“三定”政策起，农村林地就由集体统一经营转变为农户家庭承包经营。当时实施林地平均分配机制，也就是按照农户家庭人口（或劳动力）数、林地质量、林地距家距离远近等将林地平均分配给农户家庭，这使得林地出现细碎化的现象。2003年，新一轮集体林权改革再一次实行“均田制”，将保留的集体统一经营的林地进一步均山到户，进一步加深我国集体林地的细碎化和分散化程度。2008年6月，中共中央、国务院发布了《关于全面推进新一轮集体林权制度改革的意见》，全面推行集体林权改革，把集体林地经营权和林木所有权落实到农户，确立农民作为林地承包经营权的主体地位。这一政策的出台加快了林地细碎化进程。

林地细碎化的现状引发了学界的关注，相关的学者做了大量的研究。对于林地细碎化现状造成的经济后果，基本上是从林地生产的投入、产出和效率三方面进行研究的。第一，林地细碎化会缩减林业生产投入。李桦等（2014）基于福建、江西农户调研数据，发现地块面积越小，花在种植、管理、收获等方面的单位成本越高。高露和张敏新（2012）通过研究发现，细碎化程度越高，林农从正规金融机构获得林权抵押贷款的可能性越低。面对此情况，林农只能依靠自身积累的资本来增加林地投入，这大大加重林地生产资金投入的不足。第二，林地细碎化会减少林地产出。徐秀英等（2014）阐述了农户竹林地细碎化将降低竹林的产出。孔凡斌和廖文梅（2014）则通过投入产出模型证明由农户林地细碎化程度对其林地林产品产出构成负向影响。孔凡斌和廖文梅（2012）指出，S指数衡量的林地细碎化程度低于0.22或高于0.67时，林地细碎化程度对林地产出水平表现为负向影响趋势。第三，林地细碎化会降低林业生产效率。廖文梅等（2014）运用DEA方法对经济林经营效率进行测算，结果显示，林农经济林经营综合效率偏低。李桦等（2015）运用随机前沿（SFA）模型发现，林地地块面积对生产效率产生了负向影响。徐立峰等（2015）基于520户林地经营信息，运用数据包络分析法（DEA）对投入导向下的林地经营效率进行测算，结果同样表明，林地经营效率整体水平较低。

林地细碎化除了对林地生产的投入、产出和效率产生消极的影响之外，一些文献还提到林地细碎化会提高林地科技实施成本，抑制林业生产技术传播，进而阻碍林农采纳林业新技术。这些由林地细碎化导致的负面经济后果，均指向通过扩大林地经营规模的途径来促进林业发展，推动林业产业化、增加农民收入和保障木材安全。事实上，国家在土地规模经营上做出了很多努力。

1987年，中央明确提出“采取不同形式实行适度规模经营”，适度规模经营是在一定的环境和适合的社会经济条件下，各生产要素（土地、劳动力、资金、设备、经营管理、信息等）的最优组合和有效运行，以期取得最佳的经济效益。而后围绕土地规模经营的文件一直连续不断，而且多次在重要文件中提出，促进农地适度规模经营，旨在以吸收大量农村剩余劳动力的工业化与城镇化的进程中，使土地经营规模逐步扩大以保障粮食与木材安全。2012年，中共中央、国务院颁布的《关于加快推进农业科技创新持续增强农产品供给保障能力的若干意见》中指出，稳定和完善土地政策，发展多种形式的适度规模经营形式，促进农业生产经营模式的创新。而林地归属于农地这个大类里，林地的适度规模经营也受到国家的重视。党中央、国务院对新型经营主体发展高度关注，相关政策也陆续出台。2016年，《国务院办公厅关于完善集体林权制度的意见》指出，要通过积极稳妥流转集体林权、培育壮大规模经营主体、建立健全多种形式利益联结机制、推进集体林业多种经营、加大金融支持力度等措施来引导促进集体林适度规模经营。2017年，党的十九大报告明确提出，要发展多种形式适度规模经营，培育新型农业经营主体，健全农业社会化服务体系，推进小农户和现代农业发展有机衔接。2018年，“中央一号文件”指出，要发展多样化的联合与合作，提升小农户组织化程度。注重发挥新型农业经营主体带动作用，打造区域公用品牌，开展农超对接、农社对接，帮助小农户对接市场。2018年，中共中央、国务院印发《乡村振兴战略规划（2018－2022年）》中指出，实施新型农业经营主体培育工程，鼓励通过多种形式开展适度规模经营。培育发展家庭农场，提升农民专业合作社规范化水平，鼓励发展农民专业合作社、联合社。不断壮大农林产业化龙头企业，鼓励建立现代企业制度。

林业经营规模一般是指在林业活动中，生产单位中各生产力要素的聚集程度与组合关系，即劳动力、土地、资金等要素如何结合起来发挥最大作用的数量和范围的界限。它是一个较为综合的概念，既可以表现为单个林业生产要素的规模，例如劳动力经营规模、土地经营规模、资本经营规模等，也可以是多种生产要素综合作用的规模，例如产量规模、产值规模等。目前给出的林业经营规模都是针对林地面积规模来说的。第三次农业普查明确指出了农业经营规模化标准为“种植业为一年一熟制地区露地种植农作物的土地达到100亩及以上、一年二熟及以上地区露地种植农作物的土地达到50亩及以上、设施农业的设施占地面积25亩及以上。”林业经营规模化标准仅仅是“经营林地面积达到500亩及以上”。两者相比，发现林业经营规模化标准的定义缺乏了权威性及科学性，没有从森林类型来衡量，也不以地理南北来区分，对林业经营规模化标准只是一概而论，这样的方法显然是不严谨的。事实上，林业部门至今并未针对集体林业规模化标准给予过官方的明确的发布，这导致绝大多数地区还没有一套适合当地的集体林业新型经营主体规模化的认定标准。小部分地区现有的新型经营主体面积的认定标准也仅是照搬其他地区，或仅凭经验判断或依靠专家意见，缺乏一套科学的方法对新型经营主体的规模化标准进行在地化测度，也忽视了当地的林地类型、林地流转、种植习惯、自然禀赋、劳动力转移、产业发展、技术水平、社会化服务程度等因素的重要影响。没有正确理论和方法依据的支撑，得出的规模标准无法进行官方的认可，更不具备全国范围的统计意义。国家林业和草原局明确指示关于林业规模化标准的官方统计指标是非常必要和迫切的。

二、研究目的

（一）建立测算集体林业新型经营主体规模化标准的理论和方法体系

理论依据和方法体系支持着研究假设、数据处理和模型分析等一系列研究程序，为了避免模糊的理论框架和混乱的方案设计发生，需要运用相关的理论基础，正确的研究方法和分析手段对研究对象进行探索，更深层次地对研究问题进行解答，从而保证结论的有效性和可靠性。事实上，现有的新型经营主体面积的认定标准大多是凭经验判断的，或者是依靠专家意见给出的，这些数字的背后并没有正确理论和方法的支撑，缺乏一套科学的体系对新型经营主体的规模化标准进行在地化测度，是不具备全国范围的统计意义的，因此建立测算集体林业新型经营主体规模化标准的理论和方法体系是非常必要的一环。针对集体林地适度规模标准这个目标，运用机会成本理论、规模经济理论、规模报酬递减理论、利润最大化理论作为农户家庭适度规模标准的理论依据，完成对集体林地适度规模标准的测度。

（二）测度集体林业收入水平、利润最大化约束的规模化标准

现阶段我国林业发展中存在林业规模小且破碎、收入低且增收困难、劳动力质量下降等问题，想要解决这些问题，必须先解决林农的收入增长问题，林地适度规模经营是解决我国林业问题的一条途径，林业内部也就产生了规模经营的需求与动力。在现有的技术水平条件下，林业从业者从事农业的收入达到或略高于当地非农产业劳动者人均收入时，该林农所耕作的林地经营面积应为必须规模经营的下限。根据生产力规律来说，衡量林地经营规模是否适度，关键要看林地经营者与非林产业劳动者的收入水平是否相当。除此之外，利润最大化条件下的规模化标准是假设林农以追求利润最大化为目标，各项生产要素的边际收益等于边际成本时土地的经营面积，这是理想状态下的一个确定值。选用适当的模型来计算利润最大化情况下的林地适度规模，面临严谨的实证分析，测度得到的数字将更具有科学性和有效性。从以上两个角度入手得到集体林业规模化标准，能够更全面的去认识林地适度规模。

（三）提出地方政府推动集体林业新型经营主体适度规模实现路径的政策建议

利用辽宁、陕西、湖南、福建四个省一共2000个样本量，分别建立适当模型，以利润最大化和收入水平两个角度来测算集体林区林地面积适度规模。从理论依据的支持到模型的建立，再到数据的分析和结论的阐述这一系列工作，都是为了在数据中发现问题，看到缺陷，以此更有针对性地给出建议，使研究结论更具有说服力，帮助决策者更好地认识问题，解决问题。提出地方政府推动集体林业新型经营主体适度规模实现路径的政策建议是研究最终目的，研究的所有内容最终都落脚于实现路径的政策建议上面，需要针对研究结论并结合实际情况，给出切实可行的建议和方案，期望研究能够帮助到地方政府推动林业发展。

理论及测度方法

一、理论

依据机会成本理论、规模经济理论、规模报酬递减理论、利润最大化理论确定农户家庭适度规模标准的依据，分别从收入水平、利润最大化等视觉测度集体林地适度规模标准。

（一）机会成本理论

机会成本是对资源稀缺性与选择有限性进行系统研究的成本经济学提出的重要概念。资源的稀缺性表明能够利用的资源是有限的，是需要进行选择才能实现资源的有效配置。这就意味着，经济主体不能同时选择全部的资源配置方式，只能以舍弃其他资源配置方式为代价，实现对有限资源配置方式的唯一选择。

机会成本的思想最早可以追溯到英国古典政治经济学主要代表人物大卫·李嘉图的比较优势理论。李嘉图在《政治经济学及赋税原理》著作中提出比较优势理论，初步概述了机会成本的含义，即“一个生产者以低于另一个生产者的机会成本生产一种商品的行为”。李嘉图认为，每个生产者或国家都应集中生产并出口具有比较优势的产品，而被放弃生产的其他产品即机会成本。19世纪70年代，边际效用学派的创始人威廉姆·斯坦利·杰文斯在《政治经济理论》一书中，从资产价值的未来性和成本的历史性的角度对机会成本进行了论述。他认为机会成本是指“资产的价值应该根据未来的效用，而非过去的支出”。换而言之，资产的历史价值与未来的利得两者之间的关系是对于机会成本的衡量。此后，美国经济学家D·I·格林进一步阐明了这种思想，他在文献阐述机会成本是为了占有更有价值的机会而舍弃其他具有较少价值的一种选择，“好的机会不多，选择一种机会则意味着其他机会的放弃，放弃机会的损失就是机会选择时付出的代价。”奥地利学派弗·冯·维塞尔在《自然价值》一书中，通过对成本定律的分析，将效用与成本联系起来，发现虽然每一种生产要素可以有多种不同用途，但是在这些不同的用途中进行选择时，应该尽可能地寻找能使效用达到最大化的那种用途，任何一种生产资料都有多种不同的使用方式，将一种生产资料应用于生产时，必须使经济效益达到最大化，这时的使用方式才是最好的。机会成本内涵不断丰富，并在实践中为经济主体权衡利弊提供了理论依据。现如今，机会成本理论被人们看成研究人们如何做出选择，以便有效地利用各种稀缺资源、满足既定目标的科学。

人们为了获取某种有价值的东西而放弃或舍弃其他选择所可能获得的价值、利益。由此看来，机会成本是具有潜在性的。在资源稀缺和资源的用途多样性的背景下，要求人们对资源进行不同的配置以此来获得最大利益。这表明，人们在经济活动中，可以有多种资源配置方式，选择也是多种多样的，但经营者基于自身的条件与优势，往往只能在稀缺资源配置中做出一种选择。换言之，人们在经营决策中，为了关键的或更大的利益而舍弃其他投资机会所可能获得的利益。这种成本，在决策之初，只是选择比较中的一种可能代价或可能获得的潜在利益。除此之外，机会成本具有预期性。由于人们投资生产一种产品，必会失去投资另一种产品的价值，因此经济人在投资决策中，往往需要慎重考虑，进行利益的权衡。人们往往会基于利益最大化原则，在当时境遇下将所有备选方案按优先性进行排序和选择。人们对于优先方案的选择，就是放弃了其他备选方案可能带来的利益或可能的损失。这种机会成本无论是一种获利机会还是一种亏利风险，都是一种未来可能产生的利益而不是当下兑现的利益。

机会成本指的是一种资源（如资金或劳力等）用于本项目而放弃用于其他机会时，可能损失的利益。或者说是指个人、投资者或企业在选择一种替代方案时错失的利益，为了得到某种东西而所要放弃另一些东西的最大价值。利用机会成本，可以从理论上推算林地适度的经营规模。农民拥有林地种植和外出打工两种机会，如果选择林地种植就放弃了打工，把可能损失的打工收益与林地种植收入相互比较，只有当林地种植收入和外出打工收入相当时，农民才会均等选择林地种植或外出打工。在机会成本下，使林地种植收入和打工收入相当的林地经营数量值就是林地的适度经营规模。

（二）规模经济理论

规模经济的理论最初产生于西方微观经济学。《新帕尔格雷夫经济学大辞典》定义为："考虑在既定的（不变的）技术条件下，生产一单位单一或复合产品成本，如果在某一区间生产的平均成本递减（或递增），那么就可以说这里有规模经济（或规模不经济）。"即在一定的技术条件下，经营的规模与最低成本之间存在着系统关系。规模经济研究的是经营的规模与平均成本之间的联系。亚当·斯密在《国民财富的性质和原因的研究》一书中，将规模经济表述为：在一定时期内，企业的产品绝对量增加时，其单位成本下降，利润水平会得到提高。新古典经济学派的学者阿尔弗雷德·马歇尔认为，规模经济来源于企业的内部与外部两个方面，分别为内部规模经济和外部规模经济。内部规模经济，来源于企业自身的生产经营规模的扩大。在生产规模扩大和产量增加的基础上，分摊到每个产品上的固定成本，包括管理成本、设计成本等，就会相应的减少，从而进一步使产品的平均成本下降。内部规模经济的主要原因是生产要素的不可分性，使得大规模的生产能够提高生产设备的利用率和利用效率，其次是生产要素间相互联系的不可分性。而内部不经济是指生产经营者在生产规模扩大时，由于自身原因所导致的收益的下降。土地的内部经济是由农业机械等生产要素的不可分性所决定的，土地生产规模过小，会造成农业机械等要素不能充分利用，产生无效作业等问题。外部规模经济是指整个行业的规模扩大以及产量的增加，而引起的行业内单个生产经营单位得到的经济利益。而外部规模不经济则是由于规模扩大而导致的个别的生产经营单位的成本的增加。农业土地规模经营，实现农业产业一体化，是实现土地外部规模经济，实现农业现代化的一个有力措施。利用规模经济理论来解决适度规模问题，根据调研数据，经过计算，若是发现现有的林地面积过小，则说明需要通过适当增加外部或内部的投入要素，使经营效率增高，获得最佳经济效益。若是林地面积过大，则说明现有的投入要素过剩，导致了资源的浪费，经营效率不能达到最优，需要减少投入要素的投入，提高经营效率。

规模经济理论是林地适度规模经营的基础理论，林地经营的狭小细碎导致农户的投入成本相对较高，无法做到生产资料的合理配置。然而，林地规模经营不代表种植的林地面积越大越好。根据规模经济理论，随着规模的扩大总会出现规模不经济现象。因此，对于土地适度规模经营需要理性看待，不能一味地追求面积数量。

（三）规模报酬递减理论

规模报酬递减理论是指在技术水平和要素价格保持不变的条件下，随着生产规模的扩大，所有投入要素按同一比例不断增加，所引起的产量的增加比例小于生产要素增加的比例情形。

上述的递减并不是指所有要素同一比例投入生产的开始阶段，规模报酬就是递减的。规模报酬的改变可以分为规模报酬递增、规模报酬不变和规模报酬递减三种情况。以企业为例，当企业从最初的小企业创业阶段开始快速增长时，处在规模报酬递增阶段。在追逐利润的驱动下，企业在体会到生产规模扩张的好处后会继续扩大生产规模，此时企业的收益慢慢进入规模不变的阶段。如果再过分追求市场的主导权和市场占有率，采取继续扩大企业规模的措施，就会进入规模报酬递减阶段。规模报酬递减是由于过大的生产规模使生产的各方面难以得到有效的协调，从而降低了生产效率。由此看来，生产规模过大或过小都是不利的，适度规模的确定就变得尤为重要。选择适度规模的原则就是尽可能使生产规模处在规模收益不变阶段。如果出现规模收益递增的情形，则说明其生产规模过小，此时应扩大规模以取得规模收益递增的利益，直到规模收益不变为止。若出现规模收益递减情形，则说明其生产规模过大，此时应缩小生产规模以减少规模过大的损失，直到规模收益不变为止。

规模报酬递减理论在林地适度规模经营中是普遍存在的，在实际的林业生产中，对林地资源进行整合，优化资源配置，并且增加劳动、资本、科技等要素投入，更好地为提高林业总收益服务。同时要警惕在农户现有的技术水平、管理水平及生产力水平下，林业生产是否存在规模报酬递减的趋势，甚至出现投入成本过大导致收益减少的现象。要发展林业，需要适度规模在优化资源配置的过程中，充分考虑资源优化配置的公平性，既要做到保证林地面积规模合适，又要保证林地的收益最大化。因此农户进行土地适度规模经营的过程中，需遵循规模报酬递减理论，不能一味的追加投入，避免造成生产资料的浪费和生态环境的破坏。

（四）利润最大化理论

利润最大化理论是理性小农学派的主要思想，美国经济学家舒尔茨作为该学派的主要代表人物，在其著作《改造传统农业》中提到，农业作为一个经济概念，不能从制度结构、社会文化及生产要素特征等角度阐述农业，进而分析农户的生产行为。舒尔茨利用印度与危地马拉两个传统农业社会为例，提出了经典的“贫穷而有效率”的假说，即传统农业社会中，生产要素的配置依然是有效率的，从而否定了“贫穷社会中部分农业劳动力的边际生产效率为零”的论断。这一假说的提出，确立了农户作为理性经济人，生产行为是在追求利润的最大化的观点。在此之后，学者们从农户生产行为、理性等角度，对舒尔茨的理论作了进一步的拓展。Becker（1965）基于农户家庭的劳动供给、生产与消费等决策行为，对农户的生产消费模型做了进一步的完善。新的模型将所有家庭成员的时间价值*W*工资的机会成本方式进行了评估，进而在生产决策过程中*W*成本最小化原则组织生产，并在消费过程中采用家庭效用最大化原则制定消费决策，生产与消费共同构成了家庭效用的最大化目标。Popkin（1979）认为，农户的“理性”意味着个人会基于自身的价值观与偏好，评价生产行为的结果，然后选择最能实现期望效用最大化，农户的理性不再只具有单纯的经济含义，更涵盖了主观期望与价值观的实现与满足。早期的西方资本主义从纯经济学的角度出发，认为利润最大化是指当边际成本等于边际收益（MC=MR）时，利润达到极大值。

边际收益是指增加一单位产品的销售所增加的收益，即最后一单位产品的售出所取得的收益。利润最大化的必要条件是边际收益等于边际成本，此时边际利润等于零，达到利润最大化。如果增加一单位产量的边际收益大于边际成本，就意味着增加产量可以增加总利润，于是采取继续增加产量的措施，以实现最大利润目标。如果增加一单位产量的边际收益小于边际成本，那就意味着增加产量不仅不能增加利润，反而会发生亏损，这时为了实现最大利润目标，就不会增加产量而会减少产量。只有在边际收益等于边际成本时，总利润才能达到极大值。

选择适度规模的原则就是尽可能使林地经营利润达到最大。如果出现边际收益大于边际成本的情形，则说明每多投入一单位的要素所增加的收益，大于因多投入一单位的要素所增加的成本，林户仍有利可图，因而会增加投入。若出现边际收益小于边际成本的情形，则说明每多投入一单位的要素所增加的收益，小于因多投入一单位的要素所增加的成本，厂商会亏损，因而会减少投入。无论是边际收益大于还是小于边际成本，都会改变投入量，以促使利润增加，只有在边际收益等于边际成本时，利润达到最大化，投入才不会有所调整。根据边际收益原理，在一定的技术条件下，林农林地经营利润达到最大的条件是：对林地利用中的任何一种可变投入而言，一单位投入的额外收益和额外成本正好相等。

二、测度方法

（一）收入水平

收入能综合反映区域森林资源状况、市场状况、技术水平、基础设施及政策扶持的差异，本部分以农户家庭规模化经营林地取得的年收入不低于其举家外出打工的收入水平为依据，测度适宜区域经济发展水平的林地规模经济标准。

目前在外务工的农民工群体，虽然从事着非农工作，但他们依然是林地经营主体的“潜在供给者”。如果实行林地规模经营的收入不低于其外出务工的收入，这些“潜在供给者”就会转变为“现实供给者”，即成为林地适度规模经营的真正主体。从机会成本的角度出发，以农户获得同等非农收入所必须种植的林地规模，作为林地适度规模经营的另一规模。

在实践中，机会成本的比较样本有两个，一个是进城打工农户的人均纯收入，另一个是城镇居民人均可支配收入。之所以确定两类参照样本，是因为现阶段城乡二元结构体制的存在，以及农民工就业结构与城镇居民就业结构的差异性，使农民工的收入水平要明显低于城镇居民的收入。从近期看，较多地是参照打工家庭的收入，如上海市松江区。从长期看，应当以城镇居民的可支配收入作为机会成本更为合理。这是因为，从长期的发展过程看，城镇居民的收入水平才是职业化农民真正的机会成本。

因此，本部分当以城镇居民的可支配收入作为机会成本，公式如（2-1）：

$$S=\frac{M}{R} \tag{2-1}$$

式中：M代表城镇居民人均可支配收入；R代表林业经营单位面积利润；S代表单个劳动力获得不低于非农收入时的林地经营规模。

由于人均收入、种植制度的差异性，在实践中难以确定全国统一的适度规模。各地应该根据本区域的情况确定可行的适度规模。因此，本部分分别测算总体、南北方及四省的适度规模。

（二）效率最优

基于家庭生产函数框架，构建农户利润最大化情况下的最优林地经营规模模型，推导农户最优林地经营规模公式，然后分别从农户劳动力资源、资金资源以及林地资源最优利用的视角，推导林地经营规模经济计算公式，最后应用调研数据对上述理论分析进行实证检验，测算出所选区域的林地经营规模经济标准。

本部分立足农户家庭生产函数视角，分别从农户劳动力、资金以及林地资源最优利用方面确定农户林地适度规模经营的内涵。

（1）利润最大化情况下的适度经营规模：农户自有劳动力、资金以及林地资源同时得到最佳配置的最优林地经营规模。

（2）最佳劳动力投入的适度林地规模：农户自有劳动力资源在农业生产和非农生产中配置无差异的林地规模，即保证农业劳动力的年收入与其从事非农工作收入相同时的林地规模。

（3）最佳资金投入的适度林地规模：农户资金资源在农业生产和非农生产中配置无差异的林地规模，即保证农户从事农业生产的资金获得不低于非农生产的资金收益率。由于资金的流动性障碍远远小于劳动力和林地的流动障碍，这个条件一般情况下很容易实现。

（4）最佳土地投入的适度林地规模：农户自有林地资源所获边际报酬在自有种植和租给别人种植之间无差异的林地规模，根据林地资源最优配置规律，林地资源最优配置规模应该是林地边际生产力等于林地租金的面积。

本部分的单位劳动力最优林地规模、最小林地规模、最大林地规模以及由此决定的适宜林地规模区间决策模型通过构建家庭生产函数推导得出。

在不影响结果合理性和分析方便性的条件下，设定农户拥有劳动力资源L和林地资源H，不占有自有资金，农户的目标是林业生产和非农生产综合收益最大化。

林业生产收益函数为：$R_1 = pF(L_1, K, H_1) - w \times L_1 - r \times K - t \times H_1$，其中$R_1$表示林业收入，$p$表示单位林产品利润，$L$表示林业生产劳动力投入量，$K$表示林业生产资本要素投入量，$H$表示林业生产土地投入量，$w$表示劳动力要素的价格即工资，$r$表示资本要素的价格即利率，$t$表示土地要素的价格即租金。因为普通农户对自身拥有的劳动力资源和土地资源并不计入成本，收益函数可变为：

$$R_1 = pF(L_1, K, H_1) - r \times K$$

非农生产收益函数为：$R_2 = w \times L_2 + t \times H_2$，其中$R_2$表示来自非农生产的收益，$L_2$表示农户非农就业劳动投入量，$H_2$表示农户土地出租的租金。为了便于分析，把非农就业的工资作为林业劳动力投入的机会成本，假定存在统一的农业和非农就业市场，非农就业工资水平也为w。

农户的资源约束条件为：$L = L_1 + L_2$和$H = H_1 + H_2$，表示农户的劳动力资源和林地资源分别配置在林业生产和非农生产两个方面。

农户的林业生产函数被设定为扩展的柯布-道格拉斯生产函数$Q = F(L_1, K, H_1) = AL_1^{\alpha}K^{\beta}H_1^{\gamma}$，其中$A$表示技术进步，$\alpha$表示劳动投入的产出弹性，$\beta$表示资本投入的产出弹性，$\gamma$表示土地投入的产出弹性。根据边际报酬递减规律，生产函数的性质满足$F_{L_1} > 0$，$F_{L_1L_1} < 0$；$F_k > 0$，$F_{kk} > 0$；$F_{H_1} > 0$，$F_{H_1H_1} < 0$。

将扩展的柯布-道格拉斯生产函数代入农户综合收益函数，农户约束条件下的最优化模型为：

$$\max R = p \times AL_1^{\alpha}K^{\beta}H_1^{\gamma} - r \times K + w \times L_2 + t \times H_2 \tag{2-2}$$

$$\text{st.}\ L = L_1 + L_2 \tag{2-3}$$

$$H = H_1 + H_2 \tag{2-4}$$

把（2-2）式和（2-3）式代入（2-1）式可得如下无约束最优函数：

$$\max R = p \times AL_1^{\alpha}K^{\beta}H_1^{\gamma} - r \times K + w \times (L - L_1) + t \times (H - H_1) \tag{2-5}$$

分别对L_1、K和H_1取一阶导数得：

$$\frac{\partial R}{\partial L_1} = p\alpha AL_1^{\alpha-1}K^{\beta}H_1^{\gamma} - w = 0 \tag{2-6}$$

$$\frac{\partial R}{\partial K} = p\alpha AL_1^{\alpha}K^{\beta-1}H_1^{\gamma} - r = 0 \tag{2-7}$$

$$\frac{\partial R}{\partial H_1} = p\alpha AL_1^{\alpha}K^{\beta}H_1^{\gamma-1} - t = 0 \tag{2-8}$$

（2-6）、（2-7）和（2-8）式即要素成本等于要素边际产品价值的规律，分别表示当劳动、资金和土地要素价格上升时，对该要素的使用必须更加集约化。

求解上述方程组得到农户实现利润最大化时的最优林地规模、最优资本投入和最优劳动力投入如下：

$$H_1 = \left[\frac{Ap\alpha^{\alpha}\beta^{\beta}\gamma^{1-\alpha-\beta}}{w^{\alpha}r^{\beta}t^{1-\alpha-\beta}}\right]^{\frac{1}{1-\alpha-\beta-\gamma}} \tag{2-9}$$

$$K = \left[\frac{Ap\alpha^{\alpha}\beta^{1-\alpha-\gamma}\gamma^{\gamma}}{w^{\alpha}r^{1-\alpha-\gamma}t^{\gamma}}\right]^{\frac{1}{1-\alpha-\beta-\gamma}} \tag{2-10}$$

$$L_1 = \left[\frac{Ap\alpha^{1-\beta-\gamma}\beta^{\beta}\gamma^{\gamma}}{w^{1-\beta-\gamma}r^{\beta}t^{\gamma}}\right]^{\frac{1}{1-\alpha-\beta-\gamma}} \tag{2-11}$$

将（2-9）式除以（2-11）式，得农户实现利润最大化目标时的最优单位劳动力林地规模如（2-12）式，为劳动力、资本和土地均得到最佳利用时的单位劳动力林地规模，即最优林地规模：

$$h = \frac{\gamma w}{\alpha t} \tag{2-12}$$

为了测算劳动力、资本和土地分别得到最佳利用时的单位劳动力林地规模，设$k = \frac{K}{L_1}$，表示单位劳动力资本占有量，$h = \frac{H_1}{L_1}$，表示单位农业劳动力林地占有量，对（2-6）、（2-7）和（2-8）式进行整理，结果如下：

$$h_1 = \left(\frac{w}{p\alpha AK^{\beta}}\right)^{\frac{1}{\gamma}} \tag{2-13}$$

$$h_2 = \left(\frac{rk^{1-\beta}}{p\beta A}\right)^{\frac{1}{\gamma}} \tag{2-14}$$

$$h_3 = \left(\frac{pA\gamma k^{\beta}}{t}\right)^{\frac{1}{1-\gamma}} \tag{2-15}$$

（2-13）式表示劳动力得到最优利用时的适度林地规模，是为了保证劳动者获得不低于非农活动报酬的农业劳动收入而必须保证的林地规模，即最小必要规模；（2-14）式表示资金得到最优利用时的适度林地经营规模，是劳动者在资金价格给定条件下追求收益最大化时应该达到的最优土地规模；（2-15）式是土地得到最优利用时的林地规模，表示劳动者在土地租金给定情况下追求收益最大化应该达到的最优土地规模，即最大林地规模，如果低于这个规模，说明土地规模经济没有得到充分发挥，高于这个规模则反之。

由于当前农户主要对自身拥有的劳动力和不易流转的土地资源进行最优配置，劳动力和土地属于农户的主要决策变量，资金投入因为容易转移不属于本研究的主要决策变量。因此，本文首先根据（2-12）式计算农户利润最大化时的单位劳动力最优林地规模，然后依据（2-13）和（2-15）式，分别计算出劳动力投入和土地投入得到最佳利用时的适度林地规模，分析三者与实际土地规模的关系，最终确定适宜林地规模。

1. 最优林地规模标准分析

根据比较静态分析，由（2-13）式可知，最优林地规模与劳动者非农收入以及林地投入产出弹性因素成正向关系，与林地租金以及劳动投入产出弹性因素成反向关系。

当农户非农劳动报酬提高时，要想农户继续从事林业生产，存在以下三种可能：

第一，扩大林地规模，走规模化、专业化的发展路径。

第二，在林地规模不变的情况下，加大劳动者人均资本投入和技术投入，走资金技术密集型的发展道路。

第三，林地租金提高有利于降低林地适度规模。劳动力成本上升固然可能促进适度规模上升，但林地租金提高也限制了适度规模的上升。因此，经济发展同时导致劳动力和耕地成本上升时，对最优林地规模的影响不确定。

2. 最小必要林地规模标准分析

根据比较静态分析，由（2-13）式可知，最小必要林地规模与劳动者非农收入成正向关系，与农产品价格、劳动产出弹性、农业生产技术水平、人均资本以及土地产出弹性等因素成反向关系。

当农户非农劳动报酬提高时，要想农户继续从事林业生产，存在以下三种可能。

第一，扩大林地规模，走规模化、专业化的发展路径。

第二，如果林地规模无法扩大，农户会实行产业结构调整选择从事产品技术进步率大、附加值高的资本密集型农业，实施产业结构调整，如向林果业等方面调整或者是发展设施林业。

第三，如果林地规模无法扩大，而且限于个人资源情况，无法进行相应的产业结构调整，农户就会进行劳动力结构调整，把土地转让给机会成本更低的农户经营。现实中的表现即是老年人或者在外边找不到打工机会的人从事林业，而机会更好的青壮年人选择离开林业，这种自发调整在理论上的解释就是农户通过更有效的分工降低上述公式中的 w，以降低农业规模化经营的门槛，此种情况在现实中非常普遍，但也在一定程度上影响农业生产效率的提高，引发“谁来从事农业”的担忧。

3. 最大林地规模标准分析

根据比较静态分析，由（2-15）式可知，最大林地经营规模与林地地租成反比，与农产品价格，生产技术水平，人均资本、林地投入弹性以及资金投入弹性成正比。

当林地地租提高时，如果要追求收益最大化，会出现以下两种可能：

第一，在不改变林地规模或者扩大规模的条件下，增加技术资金等要素投入量，发展资金密集型、技术密集型或者高附加值农业，提高林地的边际生产力，抵消林地地租上升的压力。

第二，在林地规模可以变化的情况下，农户选择缩小规模，把多余林地出租，减少林地经营规模，对剩余土地进行更集约化的经营。

4. 适度林地规模区间分析

在农业生产规模报酬不变及农户拥有劳动力资源和土地资源的假设条件下，农户的适宜林地规模不应通过联立方程的方法求解，而是在分析最小林地规模和最大林地规模的基础上确定一个适宜林地规模区间，即 $g_1 < g_r < g_3$，其中 g_r 为单位劳动力实际林地规模。

结合公式（2-13）和（2-15）可以看出，适宜林地规模区间随着 w 和 t 的增加而缩小，也就是 g_1 和 g_3 的差距随着劳动力成本和土地租金成本的上升而缩小；随着 p、A、γ 以及 k^β 的增加而扩大，也就是 g_1 和 g_3 的差距随着产品价格、技术水平、资本密集程度、土地产出弹性以及资本产出弹性的增加而提高。

分析 g_1、g_3 以及 g_r 之间的关系，可能出现以下三种典型情况：

第一，当 $g_r < g_1 < g_3$ 时，农户没有处于适宜林地规模区间，实际林地规模小于最小必要林地规模和最大林地规模。劳动力从事农业的收益小于从事非农劳动的收益，农户的最优选择是把土地转让给非农劳动收益低的农户，通过降低公式（2-8）中的 w 来降低最小林地规模，此时的农业生产在低素质的水平上运营；或者是从事资金技术密集型的高附加值的非粮农业，降低最小林地规模和提高最大林地规模，使得实际林地规模大于最小林地规模而小于或等于最大林地规模。

第二，当 $g_3 < g_r < g_1$ 时，农户同样没有处于适宜林地规模区间，在非农生产成本和土地租金都非常高并且土地流转困难的条件下，此种情况较容易出现。由于 $g_r < g_1$，农户实际经营规模小于最小必要经营规模，农业生产收益小于非农生产收益，青壮年劳动力大量流出，农业生产主要由文化素质较低的老年劳动力从事，发生逆向淘汰，不利于农业健康发展。同时，由于 $g_3 < g_r$，农户实际经营规模大于最大经营规模，导致规模不经济，留在农村的年龄偏大农户会把比较偏远的农地撂荒，或者是把多季作物改成单季作物。

第三，当 $g_1 < g_r < g_3$ 时，农户处于适宜林地规模区间，农业经营收益大于非农劳动的收益，高素质的青壮年劳动力愿意留在农业行业，有利于现代农业的发展和职业农民的培养，但这并不是一个稳定均衡点，因为农户并没有在最大规模点经营。如果林地经营权不可以自由流转，或者流转的交易成本很高，农户经营农业虽然有利可图，但无法实现规模收益，处于次优状况，家庭联产承包责任制实行之初即属于此种状态。在林地经营权可以自由流转的情况下，如果 $g_1 < g_r < g_3$，对林地的需求超过林地的供给，随着流转林地的增加，林地租金 t 上升，最大林地规模 g_3 下降，当 $g_1 < g_r = g_3$ 的时候达到均衡，即实际林地规模大于最小林地规模而等于最大林地规模，这是决策者目前应该追求的目标，最佳目标当然是 $g_r = g_{zuiyou}$。

集体林区林地经营规模情况

一、数据来源

2018年国家林业局经济发展研究中心在辽宁、陕西、湖南及福建4省40县开展了2000户林农相关调查。样本林农的采样方式采用分层抽样技术，在综合考虑地域分布、社会经济发展水平、森林资源分布状况后，每省选择10个县，每县选择3个乡镇，每个乡镇选择1～2个行政村，每个行政村随机抽取10个样本林农。北方集体林区以辽宁、陕西为代表，南方集体林区以福建、湖南为代表。辽宁省选取北票市、本溪县、桓仁县、建昌县、开原市、宽甸县、辽阳县、清原县、铁岭县、新宾县等10个县共计500户样本林农；陕西省选取安塞区、澄城县、定边县、丹凤县、户县（今鄠邑区）、黄陵县、佳县、宁陕县、太白县、西乡县等10个县共计500户样本林农；湖南省选取茶陵县、慈利县、凤凰县、衡阳县、花垣县、会同县、蓝山县、平江县、新邵县、沅陵县等10个县共计500户样本林农；福建省选取建瓯市、屏南县、武夷山、仙游县、永安县、永定区、漳平市、长泰县、政和县、尤溪县等10个县共计500户样本林农（表2-1）。调研员通过进村入户与样本农户采取一对一的访谈方式，针对林农家庭基本情况、家庭生计、林业投入产出等问题进行深入的调查研究；同时利用从县、乡、村、村干部所获得的信息与样本农户调研数据进行反复核对检查，确保所收集的数据具有较高的质量。因此，选取的样本能够用来测度集体林地适度规模经济标准。

表 2-1　样本区域选取

区域	数量（户）	占比（%）	区域	数量（户）	占比（%）
北票市	50	2.5	茶陵县	50	2.5
本溪县	50	2.5	慈利县	50	2.5
桓仁县	50	2.5	凤凰县	50	2.5
建昌县	50	2.5	衡阳县	50	2.5
开原市	50	2.5	花垣县	50	2.5
宽甸县	50	2.5	会同县	50	2.5
辽阳县	50	2.5	蓝山县	50	2.5
清原县	50	2.5	平江县	50	2.5
铁岭县	50	2.5	新邵县	50	2.5
新宾县	50	2.5	沅陵县	50	2.5
安塞区	50	2.5	建瓯市	50	2.5
澄城县	50	2.5	屏南县	50	2.5
定边县	50	2.5	武夷山	50	2.5
丹凤县	50	2.5	仙游县	50	2.5
户县（今鄠邑区）	50	2.5	永安县	50	2.5
黄陵县	50	2.5	永定区	50	2.5
佳县	50	2.5	漳平市	50	2.5
宁陕县	50	2.5	长泰县	50	2.5
太白县	50	2.5	政和县	50	2.5
西乡县	50	2.5	尤溪县	50	2.5

二、样本农户基本情况

（一）户主性别

户主的性别。本部分户主指的是林业生产的决策者。在2000份林农调查样本中，男性共有1184个，占样本总体的91%，女性共计116个，占样本总体的9%。这一统计结果基本符合农户家庭林业生产经营的实际情况，对于林地种植、生产成本的投入、林产品销售等情况，一般由男性决定。

（二）户主年龄

户主的年龄。从总样本统计分析来看，从事林业生产的户主年龄偏大。本部分将户主年龄分为4个阶段，第一个年龄段为30岁以下，第二个年龄段为30～45岁，第三个年龄段为46～60岁，第四个年龄段为60岁以上。户主年龄在30岁以下的样本仅有14个，占样本总体的7%；户主年龄在30～45岁的样本有249个，占样本总体的12.45%；户主年龄在46～60岁的样本有957个，占样本总体的47.85%；户主年龄在60岁以上的有780个，占样本总体的39%（图2-1）。可以明显看出，小于30岁的青壮年基本不再从事林业生产活动，主要因为从事林业生产收益较低且比较辛苦，这个年龄段的人接受新事物能力较强，绝大多数选择外出打工而非从事林业生产。46～60岁的样本林农占据接近一半，说明这个年龄段的林农是从事林业生产的主要力量，主要是这部分农户相对于年轻农户，文化程度低，外出就业机会少，思想观念落后，认为从事林业生产是他们一生的事业，有多年从事林业生产的经验。

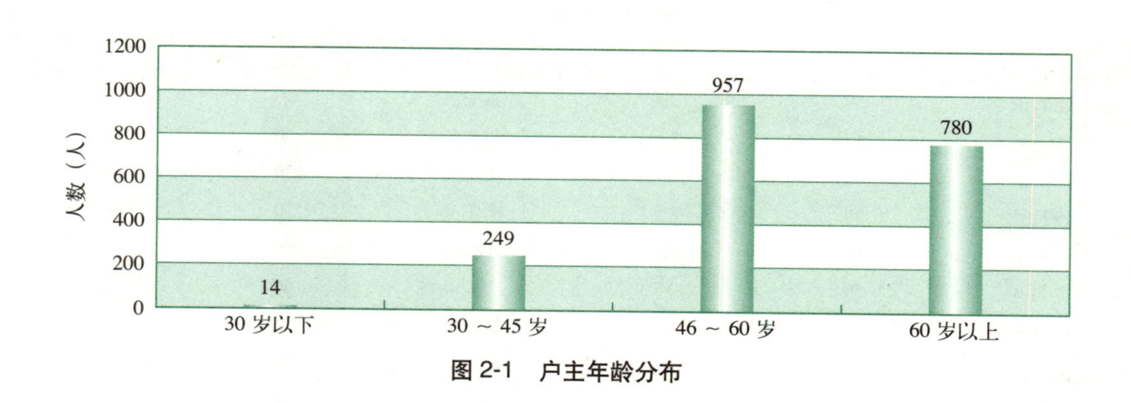

图 2-1 户主年龄分布

（三）户主受教育程度

从总样本统计分析来看，从事林业生产的户主受教育程度较低，主要集中在小学和初中学历。调查问卷中，户主的受教育程度分为4个层次，第一个层次为小学及以下、第二个层次为初中、第三个层次为高中、第四个层次为大专及以上。学历为小学及以下的样本共计781个，占总样本的39.05%；学历为初中的样本共计883个，占总样本的44.15%；学历为高中的样本共计301个，占总样本的15.05%；学历为大专及以上的样本共计35个，占总样本的3.75%（图2-2）。目前从事林业生产的林农以小学和初中文化为主，占总样本的83.2%，而高中及以上学历仅仅占16.8%，说明林业生产对高学历的农民吸引力不够，可以外出就业的林农会选择放弃效益较低的林业生产。

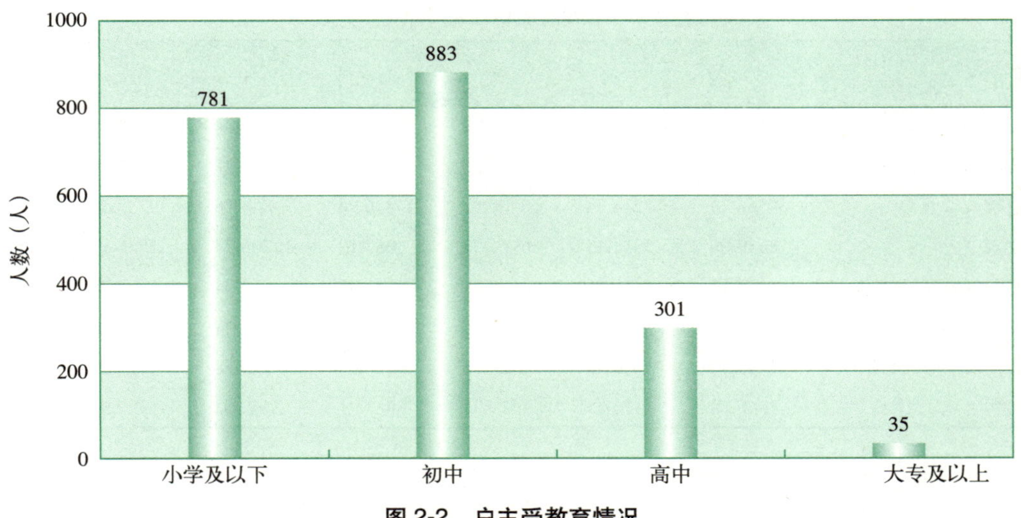

图 2-2 户主受教育情况

（四）户主兼业化情况

从总体来看，户主的兼业化情况并不明显。本部分将分为6个选项，分别为：务农、务农兼打工、务农兼副业、长期外出打工、固定工资收入、其他。务农的农户为1234个，占比61.7%；务农兼打工的农户为330个，占比16.5%；务农兼副业的为101个，占比5.05%；长期外出打工的农户为93个，占比4.65%；有固定工资收入的农户为180个，占比9%（图2-3）。

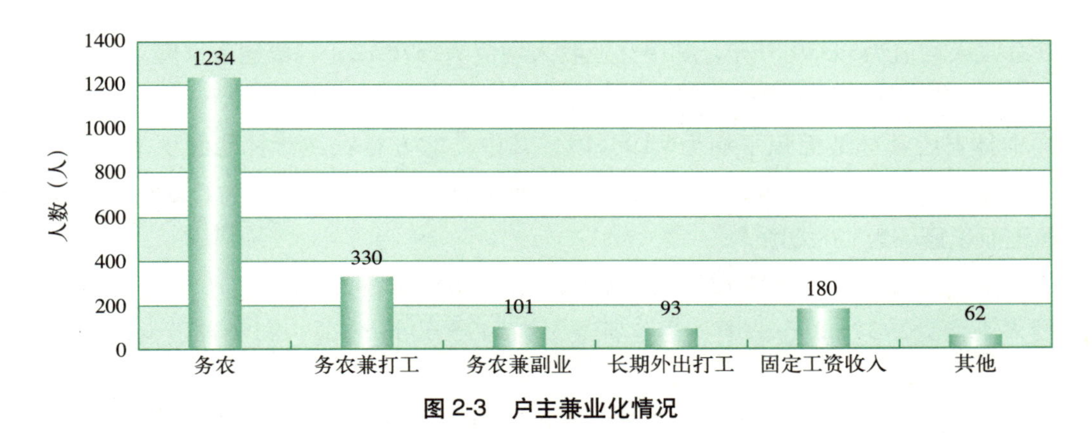

图 2-3 户主兼业化情况

（五）户主受林业技术培训情况

在2000个样本中，户主受过林业技术培训的为615个，占样本总体的69%；没有受过林业技术培训的样本为1385个，占样本总体的31%。综合来看，受林业技术培训水平较低。

三、不同区域林农基本特征均值

如表2-2所示，辽宁省、陕西省、湖南省及福建省地区林农样本数量均为500户，各占25%。北方集体林区以辽宁、陕西为代表，南方集体林区以福建、湖南为代表。

表 2-2　不同区域林农基本特征均值

农户特征	样本总体（N=2000）	北方（N=1000）	辽宁省（N=500）	陕西省（N=500）	南方（N=1000）	湖南省（N=500）	福建省（N=500）
家庭劳动力（人）	2.70	2.38	2.38	2.37	3.04	2.85	3.22
林业劳动力（人）	1.19	1.14	1.16	1.12	1.25	1.36	1.13
家庭总收入（元）	59563.74	47278.74	50700.52	43856.96	71848.76	59339.51	84358.00
林业收入（元）	8610.09	5014.45	6961.71	3067.19	12205.74	2576.12	21835.36
林地面积（公顷）	6.19	8.46	5.24	11.67	3.94	3.78	4.09
资本投入（元 / 公顷）	1824.12	710.97	745.76	676.18	2937.28	398.96	5475.60
劳动力投入 [人/(公顷·天)]	1391.34	1260.90	1023.75	1498.05	1521.78	1077.06	1966.50
产出利润（元 / 公顷）	1846.28	1126.95	1319.98	933.91	2565.62	1347.52	3783.71

样本总体家庭劳动力均值为2.70人，其中纯林业劳动力为1.19人；北方家庭劳动力均值为2.38人，纯林业劳动力为1.14人；南方家庭劳动力均值为3.04人，纯林业劳动力为1.25人；辽宁省家庭劳动力均值为2.38人，纯林业劳动力为1.16人；陕西省家庭劳动力均值为2.37人，纯林业劳动力为1.12人；湖南省家庭劳动力均值为2.85人，纯林业劳动力为1.36人；福建省家庭劳动力均值为3.22人，纯林业劳动力为1.13人。

样本总体家庭总收入均值为59563.74元，其中林业收入均值为8610.09元；北方家庭总收入均值为47278.74元，其中林业收入均值为5014.45元；南方家庭总收入均值为71848.76元，其中林业收入均值为12205.74元；辽宁省家庭总收入均值为50700.52元，其中林业收入均值为6961.71元；陕西省家庭总收入均值为43856.96元，其中林业收入均值为3067.19元；湖南省家庭总收入均值为59339.51元，其中林业收入均值为2576.12元；福建省家庭总收入均值为84358.00元，其中林业收入均值为21835.36元。

样本林农经营林地面积平均为6.19公顷，其中，北方林农经营林地面积平均为8.46公顷，南方林农经营林地面积平均为3.94公顷，陕西省户均林地面积最大为11.67公顷，湖南省户均林地面积最小为3.78公顷。

样本资本投入平均为1824.12元/公顷，其中，北方资本投入平均为710.97元/公顷，南方资本投入平均为2937.28元/公顷，福建省最多为5475.60元/公顷，湖南省最少为398.96元/公顷。

劳动力投入平均为1391.34人/（公顷・天），其中，北方劳动力投入平均为1260.90人/（公顷・天），南方劳动力投入平均为1521.78人/（公顷・天），福建省最多为1966.50人/（公顷・天），辽宁省最少为1023.75人/（公顷・天）。

由于林地产出包括用材林收入、竹林收入、经济林收入、林下经济收入等，难以像粮食作物一样用单一的产量指标来衡量，采用单位面积收入（元）来表示产出利润，样本产出利润平均为1846.28元/公顷，其中，北方产出利润平均1126.95元/公顷，南方产出利润平均2565.62元/公顷，福建省最多为3783.71元/公顷，陕西省最少为933.91元/公顷。

由上述分析可见，不同区域的林农投入产出存在较大差异，因此有必要对不同区域林农的林地最优规模进行分别测算。

四、交叉性分析

(一) 户主及家庭特征与林地经营规模

根据表2-3可知，随着林地经营面积的增大，户主年龄呈现减小的趋势，户主受教育程度、林业技术培训、林地块数呈现增加的趋势。

表 2-3 户主及家庭特征与林地经营面积

项目	林地经营面积（公顷）			
	0～4①	4～8②	8～12③	>12
年龄（岁）	57.89	56.12	55.43	54.89
受教育程度	1.77	1.79	1.92	1.93
是否当过村干部	0.23	0.29	0.27	0.28
林业技术培训	0.27	0.32	0.34	0.49
林地块数	2.80	4.00	4.01	4.24
林地类型	1.89	1.78	1.71	1.61

注：①表示0～4公顷（不含4公顷）；②表示4～8公顷（不含8公顷）；③表示8～12公顷（不含12公顷）；下同。

由图2-4可知，随着林地经营面积的增大，户主年龄呈现减小的趋势，当林地经营面积处于0～4公顷时，户主年龄平均为57.89岁，当林地经营面积处于4～8公顷时，户主年龄平均为56.12岁，当林地经营面积处于8～12公顷时，户主年龄平均为55.43岁，当林地经营面积大于12公顷时，户主年龄平均为54.89岁。说明户主年龄越大，在一定程度上家庭劳动力体力等素质越低，生产能力变弱，林地经营规模越小。

由图2-5可知，随着林地经营面积的增大，户主受教育程度呈现增加的趋势，指标选取为"1=小学及以下；2=初中；3=中专或高中；4=大专或本科以上"。当林地经营面积处于0～

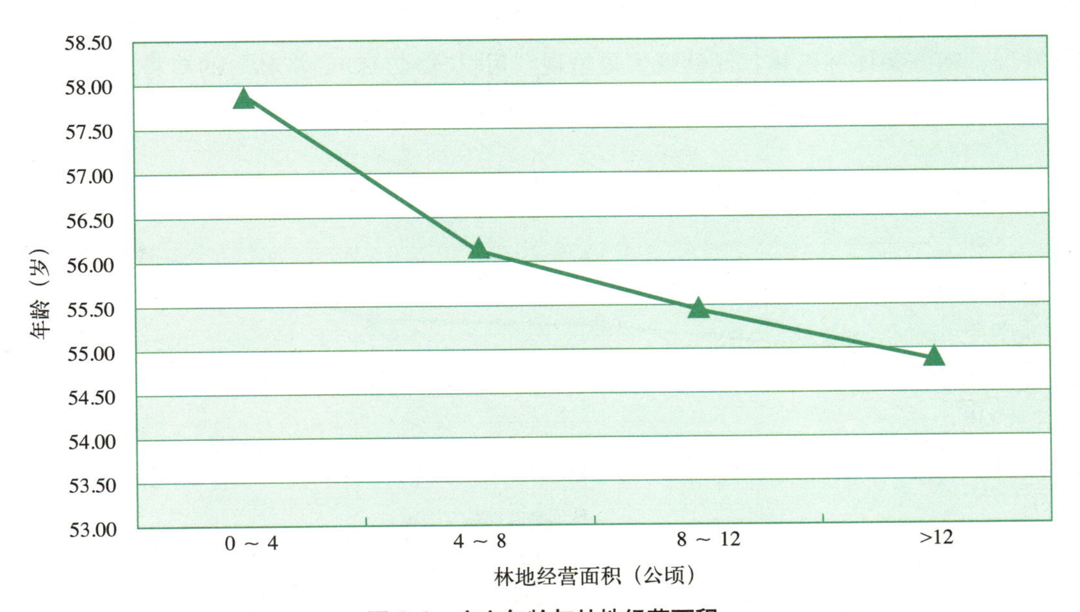

图 2-4 户主年龄与林地经营面积

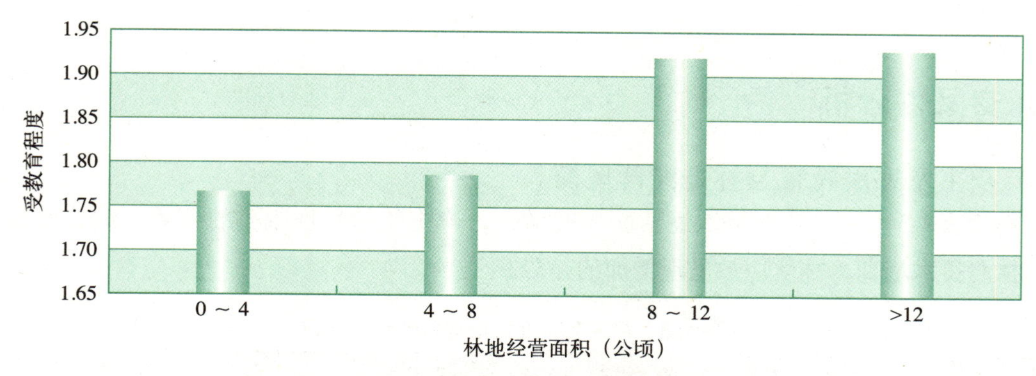

图 2-5 受教育程度与林地经营面积

4公顷时，户主受教育程度均值为1.77，当林地经营面积处于4～8公顷时，户主受教育程度均值为1.79，当林地经营面积处于8～12公顷时，户主受教育程度均值为1.92，当林地经营面积大于12公顷时，户主受教育程度均值为1.93。说明户主受教育程度越高，越倾向于采纳新技术，越想将林业经营做好，经营林地规模越大。

由图2-6可知，随着林地经营面积的增大，林业技术培训呈现增大的趋势，指标选取为“0=否；1=是”。当林地经营面积处于0～4公顷时，林业技术培训均值为0.27，当林地经营面积处于4～8公顷时，林业技术培训均值为0.32，当林地经营面积处于8～12公顷时，林业技术培训均值为0.34，当林地经营面积大于12公顷时，林业技术培训均值为0.49。说明林地经营面积越大，户主越会选择参加林业技术培训。

由图2-7可知，随着林地经营面积的增大，林地块数呈现增大的趋势。当林地经营面积处于0～4公顷时，林地块数平均为2.80块，当林地经营面积处于4～8公顷时，林地块数平均为4.00块，当林地经营面积处于8～12公顷时，林地块数平均为4.01块，当林地经营面积大于12公顷时，林地块数平均为4.24块。

由图2-8可知，林农经营林地类型中，经营用材林的农户数量最多为1076户，经营经济林的农户次多为476户，经营混合林的农户次之为299户，经营竹林的农户最少为149户。调研过程发现，南方集体林区林农经营规模是呈现“用材林>竹林>经济林”的趋势，北方集体林区经营经济林规模较大。

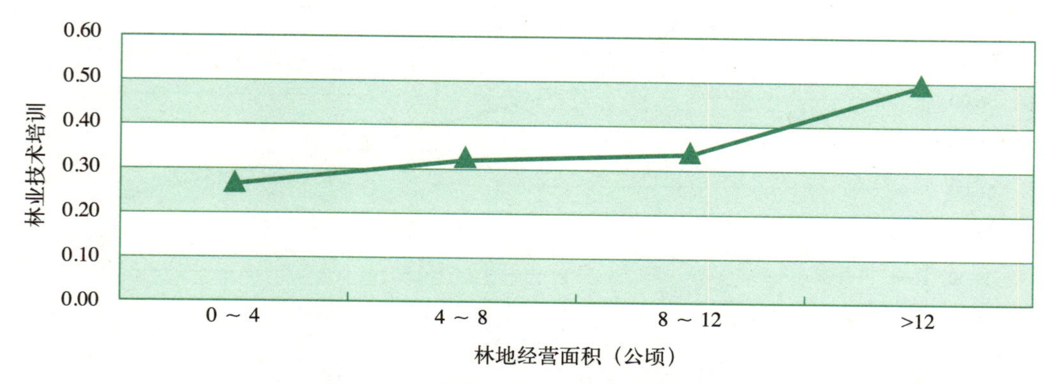

图 2-6 林业技术培训与林地经营面积

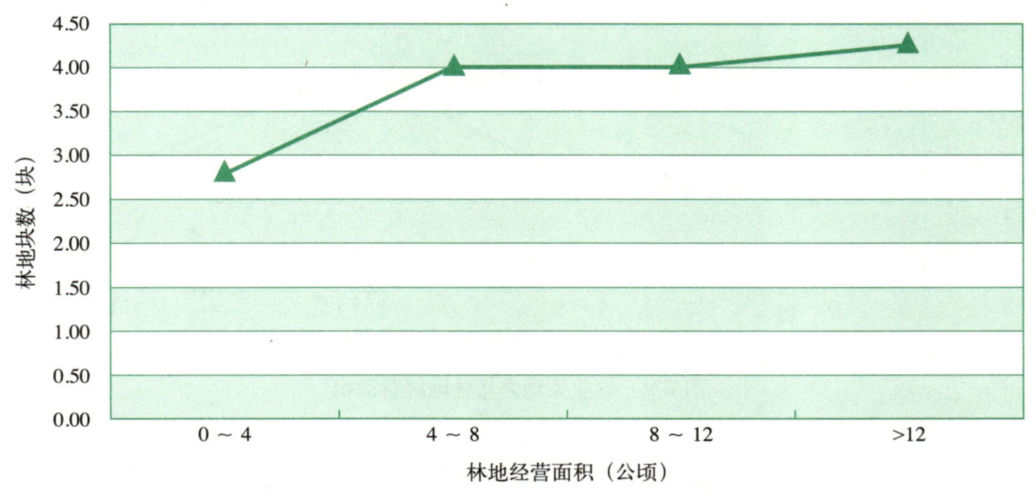

图 2-7 林地块数与林地经营面积

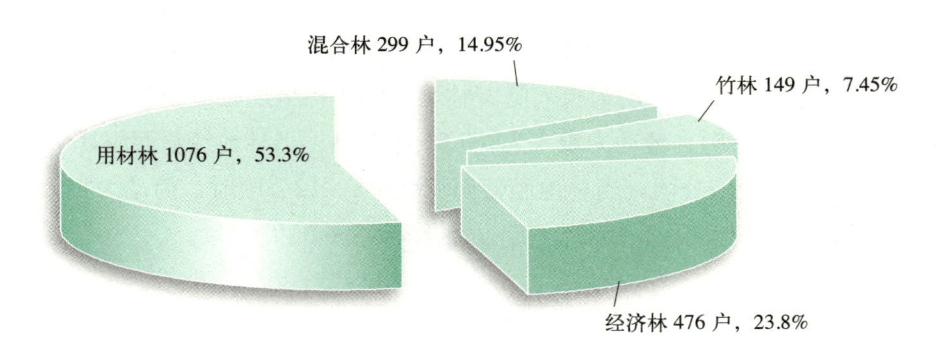

图 2-8 林地类型

（二）要素投入与林地经营规模

根据表2-4可知，随着林地经营面积的增大，林业劳动力、资本投入、劳动力投入呈现先增加后减少的趋势。可见，林农对林地的要素投入并没有随着林地面积增大而增加，当前存在要素投入不足的情况。

表 2-4 要素投入与林地经营面积

项目	林地经营面积（公顷）			
	0～4	4～8	8～12	>12
林业劳动力（人）	1.11	1.12	1.25	1.14
资本投入（元/公顷）	468.45	2431.05	721.05	229.65
劳动力投入（天/公顷）	967.50	1145.25	1520.75	896.05

从图2-9可知，林农家庭中从事林业的人数随着林地经营面积呈现先增加后减小的趋势，当林地经营面积处于0～4公顷时，家庭林业劳动力数量约为1.11人，当林地经营面积处于4～8公顷时，家庭林业劳动力数量约为1.12人，当林地经营面积处于8～12公顷时，家庭林业劳动力数量约为1.25人，当林地经营面积大于12公顷时，家庭林业劳动力数量约为1.14人。说明部分家庭存在林业劳动力投入数量不足，出现“地荒”现象。

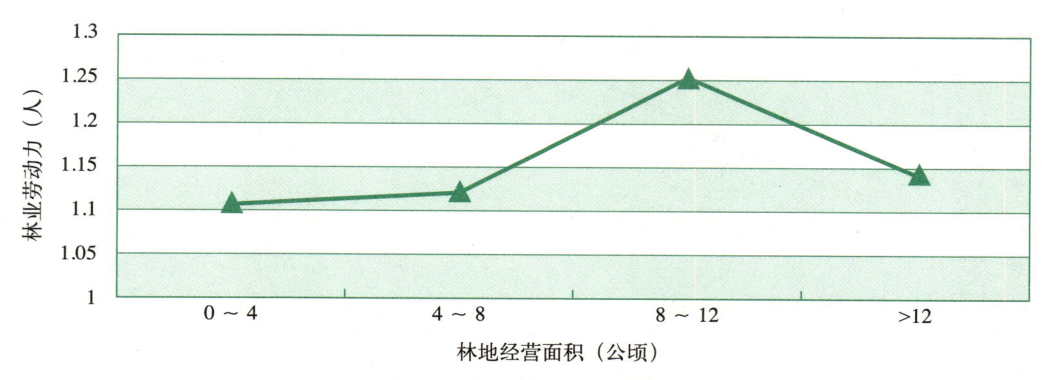

图 2-9　林业劳动力与林地经营面积

从图2-10可知，林农资本投入随着林地经营面积呈现先增加后减小的趋势，当林地经营面积处于0～4公顷时，资本投入为468.45元/公顷，当林地经营面积处于4～8公顷时，资本投入为2431.05元/公顷，当林地经营面积处于8～12公顷时，资本投入为721.05元/公顷，当林地经营面积大于12公顷时，资本投入为229.65元/公顷。说明当前资本投入没有达到最佳状态。

从图2-11可知，林农劳动力投入随着林地经营面积呈现先增加后减小的趋势，当林地经营面积处于0～4公顷时，劳动力投入为967.50天/公顷，当林地经营面积处于4～8公顷时，劳动力投入为1145.25天/公顷，当林地经营面积处于8～12公顷时，劳动力投入为1520.75天/公顷，当林地经营面积大于12公顷时，劳动力投入为896.05天/公顷。

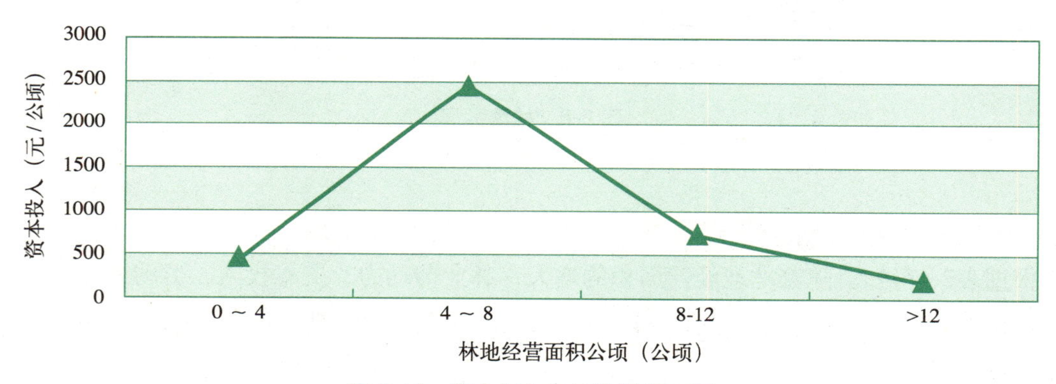

图 2-10　资本投入与林地经营面积

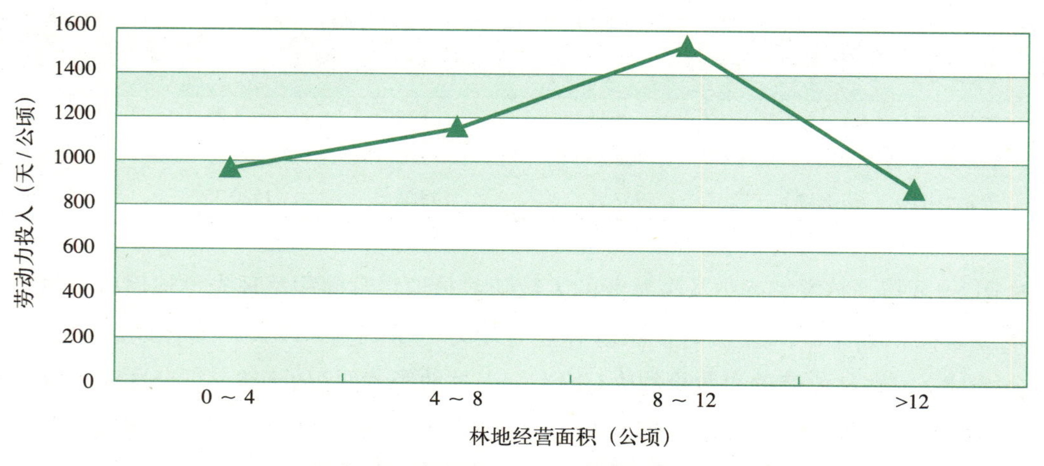

图 2-11　劳动力投入与林地经营面积

（三）产出与林地经营规模

根据表2-5可知，林业收入和产出利润随着林地经营面积的增加而增大，说明当前林农经营面积并没有达到最优状态。

表 2-5　产出与林地经营面积

项目	林地经营面积（公顷）			
	0 ~ 4	4 ~ 8	8 ~ 12	>12
林业收入（元）	8172.75	8323.34	20504.23	23075.08
产出利润（元 / 公顷）	1331.61	1451.25	1778.75	1912.50

从图2-12可知，林业收入随着林地经营面积呈现增加的趋势，当林地经营面积处于0～4公顷时，林业收入为8323.34元，当林地经营面积处于4～8公顷时，林业收入为8172.75元，当林地经营面积处于8～12公顷时，林业收入为20504.23元，当林地经营面积大于12公顷时，林业收入为23075.08元。

从图2-13可知，产出利润随着林地经营面积呈现增加的趋势，当林地经营面积处于0～4公顷时，产出利润为1331.61元/公顷，当林地经营面积处于4～8公顷时，产出利润为1451.25元/公顷，当林地经营面积处于8～12公顷时，产出利润为1778.75元/公顷，当林地经营面积大于12公顷时，产出利润为1912.50元/公顷。

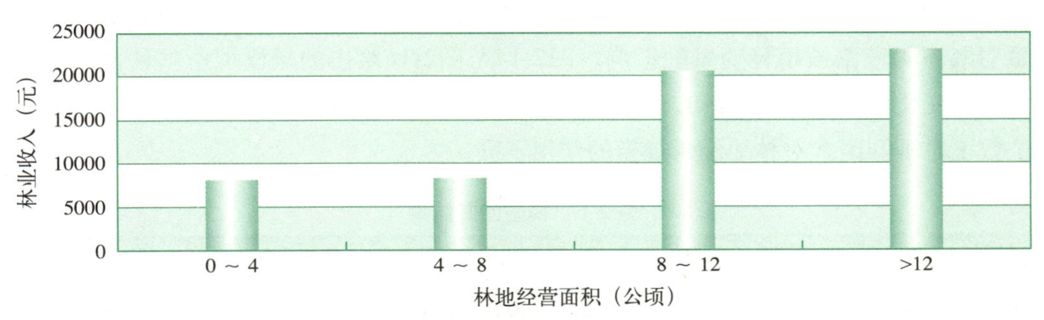

图 2-12　林业收入与林地经营面积

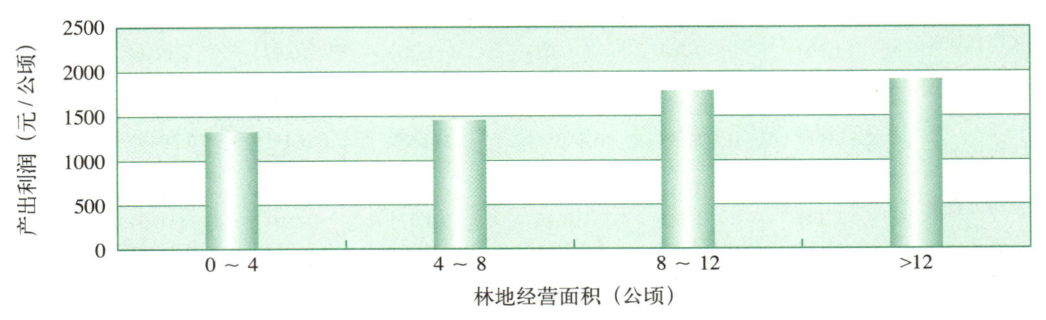

图 2-13　产出利润与林地经营面积

五、不同分位水平下林地经营规模的影响因素分析

综合考虑与借鉴前人的研究成果，利用近年来国内外学术界越来越多地采用分位数回归方法，探讨在不同分位水平下各种因素对林地经营规模的影响，可建立计量经济模型的具体形式为：

$$H = \alpha_0 + \sum_{i=1}^{n} \lambda_i X_i + \delta_i D + \varepsilon_i \tag{2-16}$$

式（2-16）中：H为因变量，表示林地经营面积；λ_i和δ_i为待估计系数；X_i为解释变量；

D为省域变量；α_0为常数项；ε_i为随机误差项。

式（2-16）的估计方法采用普通最小二乘法和分位数回归进行估计。需要说明的是，普通最小二乘法是以均值为基准，采用因变量条件均值的函数来描述自变量每一特定数值下的因变量均值，从而揭示自变量与因变量之间的关系。而分位数回归则以分位数为基准，估计一组回归变量与被解释变量的分位数之间线性关系的建模方法，强调条件分位数的变化。采用分位数回归有以下优势：第一，分位数回归基于因变量y的条件分布来拟合自变量x的估计系数的回归方法，在因变量y的条件分布的不同分位点水平，可得到不同的自变量估计系数，可克服传统OLS在因变量条件分布均值回归上的不足。第二，分位数回归方法在每个分位数的回归都需利用所有的样本，避免传统分组回归造成样本量减少的不足。第三，分位数回归使用残差绝对值的加权平均作为最小化的目标函数，相比传统OLS经典“均值回归”所采用的残差平方和，更不易受异常值的影响，回归结果更为稳健。

利用普通最小二乘法和分位数回归，得到模型回归结果如表2-6。需要说明的是，本研究拟合得到的是分位数为（0.05、0.10、0.15、0.20、0.25、0.30、0.35、0.40、0.45、0.50、0.55、0.60、0.65、0.70、0.75、0.80、0.85、0.90、0.95）的回归结果。分位数回归的拟合效果随着分位数的上升不断提高，分位数达到0.85之后回归效果更好，表2-6给出了普通最小二乘回归以及0.25、0.50、0.75、0.85、0.90和0.95分位数水平下的模型估计结果。低分位数的回归结果不如高分位数好，但其具有重要的参考价值，根据不同分位数所得参数，可分析解释变量对其不同范围被解释变量的影响。图2-14至图2-16绘出的是模型所估计得出的参数随不同分位数变化图。由表2-6可知，高分位数回归结果与普通最小二乘回归结果基本一致。不同分位数下，不同因素对林地经营规模的作用不同。

表 2-6 模型回归结果

项目	普通最小二乘回归	分位数回归（0.25）	分位数回归（0.50）	分位数回归（0.75）	分位数回归（0.85）	分位数回归（0.90）	分位数回归（0.95）
户主年龄	–0.027 （–0.66）	–0.007*** （–2.63）	–0.010* （–1.67）	–0.009 （–0.63）	–0.019 （–1.10）	–0.014 （–0.61）	–0.053 （–1.44）
户主受教育程度	0.909 （1.59）	–0.021 （–0.76）	–0.001 （–0.02）	0.263 （1.20）	0.324 （0.97）	0.518 （1.14）	1.647* （1.88）
户主是否当过村干部	0.296 （0.30）	0.038 （0.77）	0.131 （1.19）	0.353 （0.95）	0.525 （0.99）	0.295 （0.31）	–0.732 （–0.51）
林业技术培训	2.513*** （2.82）	0.168*** （3.29）	0.460*** （4.36）	1.191*** （3.81）	1.764*** （2.80）	3.394*** （2.62）	5.537** （2.09）
林业劳动力数量	0.012 （1.38）	0.011 （0.32）	0.007 （0.16）	0.00194 （0.01）	–0.001 （–0.01）	–0.003 （–0.01）	–0.009 （–0.01）
林地块数	0.499*** （2.76）	0.224*** （7.01）	0.285*** （6.69）	0.611*** （7.37）	0.869*** （6.65）	0.972*** （4.62）	1.629*** （4.28）
林地类型	–1.001*** （–2.68）	–0.047* （–2.22）	–0.050 （–1.26）	–0.158* （–1.67）	–0.220* （–1.20）	–0.574*** （–2.32）	–1.056*** （–4.01）
非农就业	–1.918* （–1.99）	0.060 （0.82）	0.009 （0.12）	–0.245 （–0.74）	–0.798 （–1.55）	–1.122 （–1.69）	–2.366** （–2.39）
林业补贴	0.274*** （15.16）	0.066*** （2.34）	0.394*** （5.59）	0.630*** （8.38）	0.707*** （12.85）	0.744*** （13.55）	0.706*** （3.21）
是否陕西省	2.381** （2.03）	–0.241** （–2.19）	–0.462** （–2.08）	–0.245 （–0.41）	0.123 （0.11）	0.377 （–0.20）	3.447 （1.00）
是否福建省	–2.125* （–1.76）	–0.541*** （–6.00）	–1.010*** （–5.12）	–1.587*** （–3.81）	–2.427*** （–3.37）	–2.651*** （–3.11）	–2.712** （–2.25）
是否湖南省	–1.647 （–1.42）	–0.372*** （–4.01）	–0.558** （–2.47）	–0.733** （–2.02）	–1.377** （–2.43）	–1.501* （–1.64）	–2.277* （–2.12）

注：***、**、* 分别表示在 1%、5%、10% 的水平上显著，括号内数字表示 T 统计量。

就户主特征与林地经营规模而言，分位数未达到0.70时，户主年龄、受教育程度、是否当选过村干部、林业技术培训对林地经营规模在不同分位数水平下影响基本一致。但分位数水平达到0.70之后，影响发生变化。户主年龄对林地经营规模的影响基本为负，说明户主年龄越大，在一定程度上家庭劳动力体力等素质越低，生产能力变弱，林地经营规模越小；受教育程度对林地经营规模的影响基本为正，说明户主受教育程度越高，越倾向于采纳新技术，越想将林业经营做好，经营林地规模越大；户主是否当过村干部对林地经营规模的影响由正变负，说明当规模达到一定程度时，户主是否当过村干部对林地经营规模的影响由积极变为消极作用；林业技术培训在不同分位下对林地经营规模均具有显著的正向影响，且分位数水平越大，弹性系数也越大，说明林业技术培训对大规模生产条件下进一步扩大生产规模具有推动作用（图2-14）。

就农户家庭特征与林地经营规模而言，在不同分位水平下，劳动力数量对林地经营规模的影响基本一致，林地块数对林地经营规模具有显著的正向影响，且弹性系数逐渐增大；林地类型对林地经营规模也有显著影响（图2-15）。已有文献指出，不同林种类型不同，生产效率不同，用材林的综合效率明显高于经济林和竹林，同样，不同林地类型的经营规模也有所不同。调研过程发现，南方集体林区林农经营规模是呈现“用材林>竹林>经济林”的趋势，北方集体林区经营经济林规模较大。

随着林地经营规模的扩大，非农就业对其影响呈现先负后正的特征。就普通最小二乘回归来看，非农就业的弹性为–1.918，且通过了显著性检验，说明非农就业对林地经营规模具有负向影响。但从分位数回归来看，低分位数时，弹性基本为正数，分位数达到0.70之后，

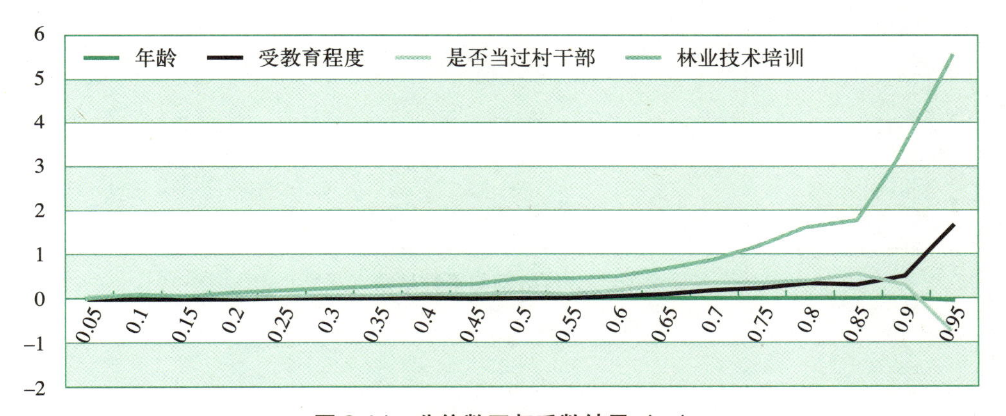

图 2-14 分位数回归系数结果（一）

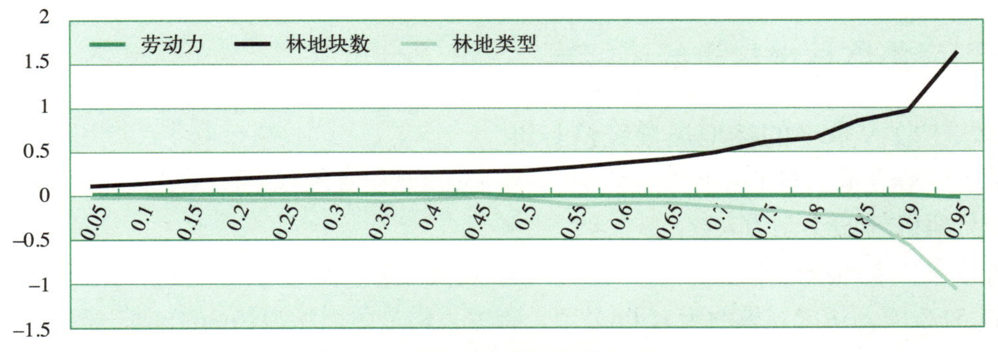

图 2-15 分位数回归系数结果（二）

非农就业对林地经营规模具有负向影响。这说明，非农就业对林地经营规模的影响具有一个临界值，如果林地经营规模超过这个临界值，则非农就业对林地经营规模具有负向影响，反之，并无负向影响。原因在于：对于小规模林农家庭，当农户林地经营规模没达到临界值时，林农家庭劳动力数量充足，部分劳动力从事非农就业，家庭仍有剩余劳动力从事林业生产，非农就业不会对林地经营规模造成负面影响；对于大规模林农家庭，当农户林地经营规模超过临界值时，维持林业生产需要的劳动力、资本要素随之增加，非农就业减少家庭劳动力数量，会对林地经营规模造成负面影响。

林业补贴对林地经营规模的影响随着规模的扩大而逐渐增大。从普通最小二乘回归来看，林业补贴的弹性为0.274，且通过了1%的显著性检验，说明林业补贴对非农就业具有显著的正向影响。从分位数回归来看，低分位回归的弹性系数小于高分位的结果。原因在于，地方政府推行林业补贴政策实施过程中，鼓励规模大户参与补贴政策，对于规模大户来说，林业补贴的影响也比较大。

就非农就业和林业补贴对林地经营规模的比较来看，其在不同经营规模水平下均表现出影响的差异性。分位数未达到0.80之前，林业补贴对林地经营规模的影响更大，其弹性系数在0.5左右；分位数达到0.80之后，非农就业对林地经营规模的影响更大。当分位数水平达到0.95时，非农就业的弹性系数甚至达到–2.366（图2-16）。

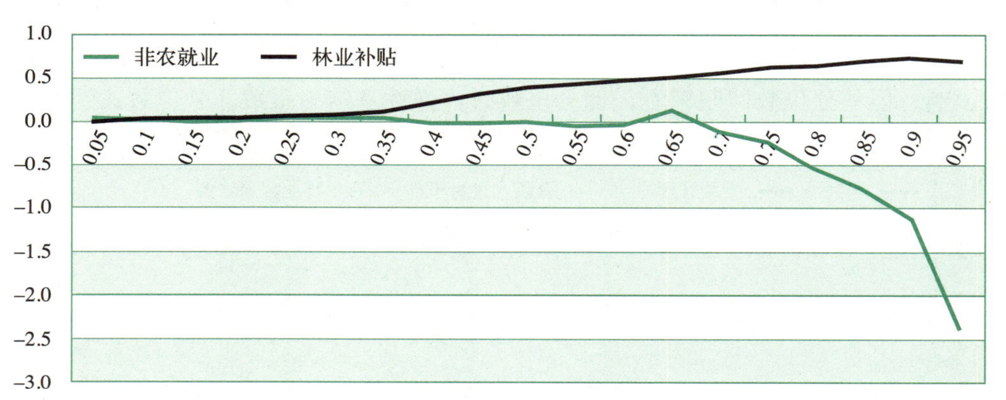

图 2-16　分位数回归系数结果（三）

集体林地规模经济标准

一、测度集体林地规模经济标准

（一）基于收入水平的林地规模经济标准

表2-7为基于收入水平的不同区域的林农林地适度规模经营的面积。其中，家庭最优面积=人均最优面积*家庭劳动力人数。

样本总体人均最优面积为12.39公顷，适度规模约为37.98公顷，其中，北方人均最优面积为21.51公顷，适度规模约为51.06公顷，南方人均最优面积为10.36公顷，适度规模约为31.44公顷，辽宁省人均最优面积为21.09公顷，适度规模约为50.19公顷，陕西省人均最优面积为22.09公顷，适度规模约为52.37公顷，湖南省人均最优面积为17.14公顷，适度规模约为48.86公顷，福建省人均最优面积为6.28公顷，适度规模约为25.57公顷。

总体来说，只有通过扩大林地经营面积，实现规模经营，林农才能够获得同等的非农收入。

表 2-7 基于收入水平的不同区域林地适度规模经营测算结果

地区	城镇居民可支配收入（元）	林地单位面积利润（元/公顷）	人均最优面积估算（公顷）	家庭最优面积估算（公顷）
总体	25973.8	1846.28	12.39	37.98
北方	24235.3	1126.95	21.51	51.06
南方	26575.2	2565.62	10.36	31.44
辽宁省	27835.4	1319.98	21.09	50.19
陕西省	20635.2	933.91	22.09	52.37
湖南省	23102.7	1347.52	17.14	48.86
福建省	30047.7	3783.71	6.28	25.57

注：城镇居民可支配收入为 2017 年，来源于《中国统计年鉴（2018）》。

（二）基于效率最优的林地规模经济标准

对实地调研林农的产出利润、劳动投入天数、资本投入金额和林地经营面积分别取对数得到LnQ、LnL、LnK、LnH，运用Stata 12.0分别对样本总体和不同区域下的林农投入产出进行OLS回归估计C-D生产函数。

从估计结果表2-8可以看出，劳动系数、资本系数、面积系数均在显著性水平上显著，说明对产出具有显著的正向影响。样本总体、辽宁省、陕西省、湖南省和福建省的劳动系数、资本系数及面积系数之和分别为1.113、1.185、1.019、1.03、1.094。从总体来看，4省的林农林地经营存在规模经济，属于规模报酬递增阶段，即随着林地经营面积、劳动力和资本投入的增加，产出也随之增加。

表 2-8 模型估计结果

指标	样本总体	北方林区	辽宁省	陕西省	南方林区	湖南省	福建省
LnL	0.267*** (5.87)	0.185* (1.89)	0.263*** (3.46)	0.213* (1.93)	0.257*** (3.72)	0.239* (1.95)	0.383*** (4.88)
LnK	0.353*** (8.40)	0.392*** (3.32)	0.454* (1.95)	0.343*** (4.09)	0.362*** (7.30)	0.302** (2.15)	0.224*** (3.25)
LnH	0.493** (2.31)	0.479*** (3.88)	0.468** (2.94)	0.463* (2.21)	0.451*** (5.09)	0.489*** (4.37)	0.487** (2.12)
_cons	2.166*** (5.72)	3.877*** (6.53)	6.176*** (6.48)	3.108*** (4.18)	1.185** (2.43)	2.833*** (3.39)	3.517*** (5.38)
R^2	0.354	0.419	0.391	0.427	0.326	0.385	0.329
Adj R^2	0.351	0.412	0.374	0.412	0.320	0.381	0.320
F	104.82	54.75	22.26	29.59	54.86	22.76	37.51

注：***、**、* 分别表示在 1%、5%、10% 的水平上显著，括号内数字表示 T 统计量。

对调研数据进行统计分析，γ表示林地面积系数，α表示劳动力投入系数，PL表示林业经营过程中雇工单价（元/天），L为林农种植涉及各个生产环节的有效劳动力投入量总和（天），t为土地地租（元/公顷）。

为了测算出上述适度林地规模标准，需对模型中的各种参数进行估计，所有参数均基于实地调查和计量模型估计求出：

（1）林地单位水平利润：由于林地产出包括用材林收入、竹林收入、经济林收入、林下经济收入等，难以像粮食作物一样用单一的产量指标来衡量，采用单位面积收入（元）来表示产出利润，样本产出利润平均为1846.28元/公顷，其中，北方产出利润平均1126.95元/公顷，南方产出利润平均2565.62元/公顷，福建省最多为3783.71元/公顷，陕西省最少为933.91元/公顷（表2-7）。

（2）劳动力工资：劳动力工资通过市场调研获得，根据调查结果，样本总体工资水平为135元/天，北方工资水平为139元/天，南方工资水平为130元/天，辽宁省工资水平为140元/天，陕西省工资水平为138元/天，湖南省工资水平为124元/天，福建省工资水平为136元/天（表2-9）。

（3）林地价格：主要通过调查农户林地流转价格得到，一般情况下，样本总体林地价格为12086.13元/公顷，北方林地价格为11805.25元/公顷，南方林地价格为12367.00元/公顷，辽宁省林地价格为11465.00元/公顷，陕西省林地价格为12145.50元/公顷，湖南省林地价格为12075.00元/公顷，福建省林地价格为12659.00元/公顷（表2-9）。

（4）资金价格：样本资本投入平均为1824.12元/公顷，其中，北方资本投入平均为710.97元/公顷，南方资本投入平均为2937.28元/公顷，福建省最多为5475.6元/公顷，湖南省最少为398.96元/公顷。

（5）户均劳动力数量和农业劳动天数：劳动力投入平均为1391.34人/（公顷·天），其中，北方劳动力投入平均为1260.90人/（公顷·天），南方劳动力投入平均为1435.50人/（公顷·天），福建省最多为1966.50人/（公顷·天），辽宁省最少为1023.75人/（公顷·天）（表2-9）。

表 2-9 参数取值

项目	γ	α	PL（元/天）	L（天）	t（元/公顷）
样本总体	0.493	0.267	135	1391.34	12086.13
北方	0.479	0.185	139	1260.90	11805.25
南方	0.451	0.257	130	1435.50	12367.00
辽宁省	0.468	0.263	140	1023.75	11465.00
陕西省	0.463	0.213	138	1498.05	12145.50
湖南省	0.489	0.239	124	1077.06	12075.00
福建省	0.487	0.383	136	1966.50	12659.00

对于上述参数取值代入公式，得出如表2-10所示结果。对于样本总体而言，林地现有规模平均为6.19公顷，最优规模为28.7公顷，还需要转入22.51公顷才能实现规模经济效益。对于不同区域林农而言，北方林地现有规模平均为8.46公顷，最优规模为38.44公顷，还需要转入29.98公顷才能实现规模经济效益。南方林地现有规模平均为3.94公顷，最优规模为26.48公顷，还需要转入22.54公顷才能实现规模经济效益。辽宁省、陕西省、湖南省和福建省的适度规模分别约为22.25公顷、36.99公顷、22.63公顷和26.86公顷。

表 2-10 不同区域林地适度规模经营测算结果 公顷

项目	现有规模	最优规模	需转入规模	劳动力最优	土地最优
样本总体	6.19	28.70	22.51	20.25	50.82
北方	8.46	38.44	29.98	22.92	64.22
南方	3.94	26.48	22.54	19.01	34.46
辽宁省	5.24	22.25	17.01	21.88	54.56
陕西省	11.67	36.99	25.32	24.51	73.49
湖南省	3.78	22.63	18.85	20.57	22.75
福建省	4.09	26.86	22.77	13.18	35.74

根据调查结果，研究区域内的农户户均林地经营规模为6.19公顷，最优规模为28.70公顷，调查区域内的实际林地经营规模小于劳动力最优时的林地规模20.25公顷和土地最优时的林地规模50.82公顷，也小于农户最优林地经营规模28.7公顷，农户没有处于适宜林地规模区间，实际林地规模小于最小必要林地规模和最大林地规模。研究区域内的农户经营规模远远低于劳动力、土地以及各种资源获得最优利用的林地规模，更不用说达到林地规模使用不经济的状态。

结合上述研究，如果要把素质较高的青壮年劳动力留在农村，必须加大土地流转力度，确保每个劳动力获得不低于20.25公顷的林地规模，这应该是目前最迫切的目标；如果要充分发挥各种要素潜力，获得利润最大化，每个劳动力应该获得28.7公顷的林地规模，这应该是追求的目标；如果要保证稀缺的土地资源得到最充分的利用，在现有技术条件以及林地碎块化得到改善的情况下，每个劳动力应获得不高于50.82公顷的规模，否则就可能陷入规模报酬不经济的境地。

北方的农户户均林地经营规模为8.46公顷，最优规模为38.44公顷，实际林地经营规模小于劳动力最优时的林地规模22.92公顷和土地最优时的林地规模64.22公顷，也小于农户最优林地经营规模38.44公顷，农户没有处于适宜林地规模区间，实际林地规模小于最小必要林地规模和最大林地规模。

南方的农户户均林地经营规模为3.94公顷，最优规模为26.48公顷，实际林地经营规模小于劳动力最优时的林地规模19.01公顷和土地最优时的林地规模34.46公顷，也小于农户最优林地经营规模26.48公顷，农户没有处于适宜林地规模区间，实际林地规模小于最小必要林地规模和最大林地规模。

二、集体林地规模经济标准有效性分析

分析不同林地规模经济标准之间的相互关系，综合评价并最终确定我国南北方集体林地规模经济标准范围。依据确定的集体林地规模经济标准，将经营主体分为规模经济和非规模经济两个组别，分析其在投入、产出和效率之间的差异，以此证实所提出的规模经济林地选择的合理性和有效性。

（一）基于收入水平的林地规模经济标准有效性分析

基于收入水平测算结果显示，样本总体适度规模约为37.98公顷，其中，北方适度规模约

为51.06公顷，南方适度规模约为31.44（表2-7）。

依据确定的集体林地规模经济标准37.98公顷，将经营主体分为规模经济和非规模经济两个组别，从表2-11中可以看出，规模经济组的林业劳动力人数均值为1.94人，非规模经济组林业劳动力均值为1.08人，规模经济组的林业劳动力投入远远大于非规模经济组；规模经济组的资本投入为2066.10元/公顷，非规模经济组的资本投入为238.95元/公顷，规模经济组的林业资本投入远远大于非规模经济组；规模经济组的土地面积为31.75公顷，非规模经济组的林地面积为2.34公顷，规模经济组的林地面积投入远远大于非规模经济组；规模经济组的林业收入为8908.04元，非规模经济组的林业收入为7971.45元，规模经济组的林业收入远远大于非规模经济组；规模经济组的产出利润为2943.25元/公顷，非规模经济组的林业收入为527.7元/公顷，规模经济组的产出利润远远大于非规模经济组。

表 2-11　样本总体差异

指标	规模经济	非规模经济
林业劳动力（人）	1.94	1.08
资本投入（元 / 公顷）	2066.10	238.95
林地面积（公顷）	31.75	2.34
林业收入（元）	8908.04	7971.45
产出利润（元 / 公顷）	2943.25	527.70

总体来看，基于收入水平分类的规模经济组的劳动投入、资本投入、土地投入均大于非规模经济组，同样，规模经济组的林业收入、产出利润也均大于非规模经济组。

依据确定的北方集体林地规模经济标准51.06公顷，将经营主体分为规模经济和非规模经济两个组别，从表2-12中可以看出，规模经济组的林业劳动力人数均值为1.89人，非规模经济组林业劳动力均值为1.04人，规模经济组的林业劳动力投入远远大于非规模经济组；规模经济组的资本投入为766.35元/公顷，非规模经济组的资本投入为308.10元/公顷，规模经济组的林业资本投入远远大于非规模经济组；规模经济组的土地面积为43.63公顷，非规模经济组的林地面积为3.61公顷，规模经济组的林地面积投入远远大于非规模经济组；规模经济组的林业收入为10074.87元，非规模经济组的林业收入为4317.85元，规模经济组的林业收入远远大于非规模经济组；规模经济组的产出利润为2707.95元/公顷，非规模经济组的林业收入为634.2元/公顷，规模经济组的产出利润远远大于非规模经济组。

总体来看，北方基于收入水平分类的规模经济组的劳动投入、资本投入、土地投入均大于非规模经济组，同样，规模经济组的林业收入、产出利润也均大于非规模经济组。

表 2-12　北方样本差异

指标	规模经济	非规模经济
林业劳动力（人）	1.89	1.04
资本投入（元 / 公顷）	766.35	308.10
林地面积（公顷）	43.63	3.61
林业收入（元）	10074.87	4317.85
产出利润（元 / 公顷）	2707.95	634.20

依据确定的南方集体林地规模经济标准31.44公顷，将经营主体分为规模经济和非规模经济两个组别，从表2-13中可以看出，规模经济组的林业劳动力人数均值为2.33人，非规模经济组林业劳动力均值为1.14人，规模经济组的林业劳动力投入远远大于非规模经济组；规模经济组的资本投入为3187.95元/公顷，非规模经济组的资本投入为400.35元/公顷，规模经济组的林业资本投入远远大于非规模经济组；规模经济组的土地面积为24.42公顷，非规模经济组的林地面积为1.96公顷，规模经济组的林地面积投入远远大于非规模经济组；规模经济组的林业收入为12874.02元，非规模经济组的林业收入为11045.59元，规模经济组的林业收入远远大于非规模经济组；规模经济组的产出利润为3633.15元/公顷，非规模经济组的林业收入为450.50元/公顷，规模经济组的产出利润远远大于非规模经济组。

总体来看，南方基于收入水平分类的规模经济组的劳动投入、资本投入、土地投入均大于非规模经济组，同样，规模经济组的林业收入、产出利润也均大于非规模经济组。

表 2-13 南方样本差异

指标	规模经济	非规模经济
林业劳动力（人）	2.33	1.14
资本投入（元 / 公顷）	3187.95	400.35
林地面积（公顷）	24.42	1.96
林业收入（元）	12874.02	11045.59
产出利润（元 / 公顷）	3633.15	450.50

（二）基于效率最优的林地规模经济标准有效性分析

基于效率水平测算结果显示，样本总体适度规模约为28.70公顷，其中，北方适度规模约为38.44公顷，南方适度规模约为26.48公顷（表2-10）。

依据确定的集体林地规模经济标准28.7公顷，将经营主体分为规模经济和非规模经济两个组别，从表2-14中可以看出，规模经济组的林业劳动力人数均值为2.36人，非规模经济组林业劳动力均值为1.15人，规模经济组的林业劳动力投入远远大于非规模经济组；规模经济组的资本投入为1897.65元/公顷，非规模经济组的资本投入为81.90元/公顷，规模经济组的林业资本投入远远大于非规模经济组；规模经济组的土地面积为66.27公顷，非规模经济组的林地面积为3.76公顷，规模经济组的林地面积投入远远大于非规模经济组；规模经济组的林业收入为28710.48元，非规模经济组的林业收入为7098.12元，规模经济组的林业收入远远大于非规模经济组；规模经济组的产出利润为2985.70元/公顷，非规模经济组的林业收入为296.10元/公顷，规模经济组的产出利润远远大于非规模经济组。

表 2-14 样本总体差异

指标	规模经济	非规模经济
林业劳动力（人）	2.36	1.15
资本投入（元 / 公顷）	1897.65	81.90
林地面积（公顷）	66.27	3.76
林业收入（元）	28710.48	7098.12
产出利润（元 / 公顷）	2985.70	296.10

总体来看，基于收入水平分类的规模经济组的劳动投入、资本投入、土地投入均大于非规模经济组，同样，规模经济组的林业收入、产出利润也均大于非规模经济组。

依据确定的北方集体林地规模经济标准38.44公顷，将经营主体分为规模经济和非规模经济两个组别，从表2-15中可以看出，规模经济组的林业劳动力人数均值为1.14人，非规模经济组林业劳动力均值也为1.14人；规模经济组的资本投入为763.50元/公顷，非规模经济组的资本投入为62.85元/公顷，规模经济组的林业资本投入远远大于非规模经济组；规模经济组的土地面积为56.98公顷，非规模经济组的林地面积为4.52公顷，规模经济组的林地面积投入远远大于非规模经济组；规模经济组的林业收入为13285.92元，非规模经济组的林业收入为4551.52元，规模经济组的林业收入远远大于非规模经济组；规模经济组的产出利润为2535.6元/公顷，非规模经济组的林业收入为205.95元/公顷，规模经济组的产出利润远远大于非规模经济组。

总体来看，北方基于收入水平分类的规模经济组的资本投入、土地投入均大于非规模经济组，同样，规模经济组的林业收入、产出利润也均大于非规模经济组。

表 2-15　北方样本差异

指标	规模经济	非规模经济
林业劳动力（人）	1.14	1.14
资本投入（元 / 公顷）	763.50	62.85
林地面积（公顷）	56.98	4.52
林业收入（元）	13285.92	4551.52
产出利润（元 / 公顷）	2535.60	205.95

依据确定的南方集体林地规模经济标准26.48公顷，将经营主体分为规模经济和非规模经济两个组别，从表2-16中可以看出，规模经济组的林业劳动力人数均值为1.44人，非规模经济组林业劳动力均值为1.14人，规模经济组的林业劳动力投入大于非规模经济组；规模经济组的资本投入为2964.75元/公顷，非规模经济组的资本投入为217.05元/公顷，规模经济组的林业资本投入远远大于非规模经济组；规模经济组的土地面积为129.35公顷，非规模经济组的林地面积为2.92公顷，规模经济组的林地面积投入远远大于非规模经济组；规模经济组的林业收入为37628.56元，非规模经济组的林业收入为11329.47元，规模经济组的林业收入远远大于非规模经济组；规模经济组的产出利润为2988.70元/公顷，非规模经济组的林业收入为1189.50元/公顷，规模经济组的产出利润远远大于非规模经济组。

总体来看，南方基于收入水平分类的规模经济组的劳动投入、资本投入、土地投入均大于非规模经济组，同样，规模经济组的林业收入、产出利润也均大于非规模经济组。

表 2-16　南方样本差异

指标	规模经济	非规模经济
林业劳动力（人）	1.44	1.14
资本投入（元 / 公顷）	2964.75	217.05
林地面积（公顷）	129.35	2.92
林业收入（元）	37628.56	11329.47
产出利润（元 / 公顷）	2988.70	1189.50

三、综合评价集体林地规模经济标准

从上述结果可知，基于收入水平测算结果显示，样本总体适度规模约为37.98公顷，其中，北方适度规模约为51.06公顷，南方适度规模约为31.44公顷。基于效率水平测算结果显示，样本总体适度规模约为28.70公顷，其中，北方适度规模约为38.44公顷，南方适度规模约为26.48公顷。

所谓收入尺度，是指在现有农业生产力水平和农户经营水平条件下，以规模经营农户获取与城镇居民（或打工农户）同等收入为目标，衡量和确定土地经营适度规模。与效率尺度不同，收入尺度的逻辑起点建立在机会成本之上。在实践中，机会成本的比较样本有两个，一个是进城打工农户的人均纯收入，另一个是城镇居民人均可支配收入。之所以确定两类参照样本，是因为现阶段城乡二元结构体制的存在，以及农民工就业结构与城镇居民就业结构的差异性，使农民工的收入水平要明显低于城镇居民的收入。从长期看，应当以城镇居民的可支配收入作为机会成本更为合理。这是因为，从长期的发展过程看，城镇居民的收入水平才是职业化农民真正的机会成本。由于人均收入、种植制度的差异性，在实践中难以确定全国统一的适度规模。各地可根据本区域的情况确定可行的适度规模。

以收入作为尺度选择林地经营规模有利于培育现代农业经营主体。受中国人口众多及资源禀赋的限制，使小规模经营成为现代农业发展之痛，规模尺度的选择应当有利于现代农业经营主体的成长。以收入尺度确定适度经营规模的基点是机会成本，这意味着既可以满足农户对收入的追求，稳定其安心于林地经营，同时又能使其以经济人的理性对林地进行合理的投入和科学的管理，关心林地收益，满足其职业化的要求。

以规模经济理论解释林地规模经营在于获取规模收益，即通过扩大林地经营规模增加经营者的总收入。由于生产要素不可无限分割的特征，在狭小的土地规模下，劳动力、机械等主要生产要素不能得到有效的利用，降低了这些要素的使用效率。规模收益源自林地经营规模扩大后生产要素利用效率的提高。如果以效率尺度作为林地规模经营的目标，所追求的境界应是，在规模经济最佳点到来之前，尽可能扩大林地经营规模以获得最大规模效益。因此，所谓效率尺度，就是在现有农业生产力水平及农户经营水平的条件下，以规模经营农户获取最大规模收益为目标，衡量和确定林地经营的适度规模。显然，在效率尺度下，必然会出现以“大”为美的现实追求。

林地规模经营政策既要考虑规模效率，更要考虑林农收入，既要考虑整体水平的提高，又要考虑区域之间的差异。适度规模本身很难用某一精确值进行衡量，还会受到当地的林地类型、林地流转、种植习惯、自然禀赋、劳动力转移、产业发展、技术水平、社会化服务程度等因素的影响。因此，结合以上两种方法的运用，得出集体林地的适度规模标准：北方集体林区适度规模区间为［38.44～50.06公顷］；南方集体林区适度规模区间为［26.48～30.44公顷］；辽宁省的集体林地适度规模区间为［22.25～50.19公顷］；陕西省的集体林地适度规模区间为［36.99～52.37公顷］；湖南省的集体林地适度规模区间为［22.63～48.86公顷］；福建省的集体林地适度规模区间为［25.57～26.86公顷］。

结论与建议

一、研究结论

基于收入水平和效率最优两种视角，利用辽宁、陕西、湖南及福建4省的2000户林农调查数据，对农户林业各种适度规模经营标准的内涵及测算方法进行探讨，测算出林地经营规模标准，然后根据测算标准进行有效性分析，得到以下结论与启示。

（1）从效率最优角度来看，过度分散的超小规模林业经营已经阻碍了林业现代化发展，不足以把高素质的青壮年劳动力吸引到农村，目前最迫切的目标应该是确保最小必要林地规模水平的实现，然后逐步达到最优。在现有技术条件下，对林农而言，必须确保每户获得不低于20.25公顷的林地规模，最优规模水平28.7公顷属于长期经营目标，最大规模水平50.82公顷属于不能逾越的红线。不同区域测算得出的适度规模标准不同。北方集体林区劳动力最优时林地规模为22.92公顷，土地最优时的林地规模为64.22公顷，农户最优林地经营规模为38.44公顷；南方集体林区劳动力最优时的林地规模为19.01公顷，土地最优时的林地规模为34.46公顷，农户最优林地经营规模为26.48公顷。因此，推进林地适度规模经营时，应当结合各区域的情况进行分类推广。

（2）从收入水平角度来看，样本总体人均最优面积为12.39公顷，户均适度规模约为37.98公顷，其中，北方人均最优面积为21.51公顷，户均适度规模约为51.06公顷，南方人均最优面积为10.36公顷，户均适度规模约为31.44公顷。总体上，从收入尺度，全国集体林地适度规模的统计标准约600亩，比现行使用的统计标准500亩高出100亩。同时，应区别南北方地理、经济差异，南方应确定为约450亩，北方应确定为约800亩，以此标准推动我国集体林地适度规模化进程，使林农获得不低于其举家外出打工的收入。

（3）结合两种测算方法的运用，综合来看，得出集体林地的适度规模标准：北方集体林区适度规模区间为［38.44～50.06公顷］；南方集体林区适度规模区间为［26.48～30.44公顷］；辽宁省的集体林地适度规模区间为［22.25～50.19公顷］；陕西省的集体林地适度规模区间为［36.99～52.37公顷］；湖南省的集体林地适度规模区间为［22.63～48.86公顷］；福建省的集体林地适度规模区间为［25.57～26.86公顷］。

（4）基于有效性分析，样本总体、北方集体林区和南方集体林区规模经济组的劳动投入、资本投入和土地投入比非规模经济组大，林业收入、产出利润也比非规模经济组多，符合理论，说明测算得出的规模经济标准是合理和有效的。同时，若想扩大规模效益，应适当加大劳动投入、资本投入和土地投入。

二、政策建议

根据以上结论，总结林业规模经营的实现路径如下。

（一）稳定完善农村林地承包关系

1. 健全林地承包经营权登记制度

建立健全承包合同取得权利、登记记载权利、证书证明权利的林地承包经营权登记制度，是稳定农村林地承包关系、促进林地经营权流转、发展适度规模经营的重要基础性工作。完善承包合同，健全登记簿，颁发权属证书，强化林地承包经营权物权保护，为开展林地流转、调处林地纠纷、完善补贴政策、进行征地补偿和抵押担保提供重要依据。建立健全林地承包经营权信息应用平台，方便群众查询，利于服务管理。林地承包经营权确权登记，原则上确权到户到地，在尊重农民意愿的前提下，也可以确权确股不确地，切实维护了农户的林地承包权益。

2. 推进林地承包经营权确权登记颁证工作

按照中央统一部署、地方全面负责的要求，在稳步扩大试点的基础上，完成林地承包经营权确权登记颁证工作，妥善解决农户承包地块面积不准、四至不清等问题。在工作中，各地要保持承包关系稳定，以现有承包台账、合同、证书为依据确认承包地归属；坚持依法规范操作，严格执行政策，按照规定内容和程序开展工作；充分调动农民群众积极性，依靠村民民主协商，自主解决矛盾纠纷；坚持分级负责，强化县乡两级的责任，建立健全党委和政府统一领导、部门密切协作、群众广泛参与的工作机制；科学制定工作方案，明确时间表和路线图，确保工作质量。有关部门要加强调查研究，有针对性地提出操作性政策建议和具体工作指导意见。林地承包经营权确权登记颁证工作经费纳入地方财政预算，中央财政给予补助。

（二）规范引导农村林地经营权有序流转

1. 严格规范土地流转行为

土地承包经营权属于农民家庭，土地是否流转、价格如何确定、形式如何选择，应由承包农户自主决定，流转收益应归承包农户所有。流转期限应由流转双方在法律规定的范围内协商确定。没有农户的书面委托，农村基层组织无权以任何方式决定流转农户的承包地，更不能以少数服从多数的名义，将整村整组农户承包地集中对外招商经营。防止少数基层干部私相授受，谋取私利。严禁通过定任务、下指标或将流转面积、流转比例纳入绩效考核等方式推动土地流转。

2. 鼓励创新土地流转形式

鼓励承包农户依法采取转包、出租、互换、转让及入股等方式流转承包地。鼓励有条件的地方制定扶持政策，引导农户长期流转承包地并促进其转移就业。鼓励农民在自愿前提下采取互换并地方式解决承包地细碎化问题。在同等条件下，本集体经济组织成员享有土地流转优先权。以转让方式流转承包地的，原则上应在本集体经济组织成员之间进行，且需经发包方同意。以其他形式流转的，应当依法报发包方备案。抓紧研究探索集体所有权、农户承包权、土地经营权在土地流转中的相互权利关系和具体实现形式。按照全国统一安排，稳步推进土地经营权抵押、担保试点，研究制定统一规范的实施办法，探索建立抵押资产处置机制。

3. 创新和完善林地流转机制

加强林地承包经营权流转管理和服务，建立健全林地承包经营权流转市场，按照依法自愿有偿原则，允许农民以转包、出租、互换、转让、股份合作等形式流转林地承包经营权，发展多种形式的适度规模经营。林地有序流转是促进林地集中、实现林业规模生产的基础，因此，创新林地流转机制成为实现林业规模经营的首要任务。首先，要健全林地承包经营权相关制度。修改和完善相关法律制度，在赋予林农更加充分而有保障的林地承包经营权的同时，也使受让方的合法权益得到保障；完善集体林改中的确权登记制度和林权证管理信息系统，推进林地承包经营信息化建设等。其次，要完善林地流转配套设施建设。积极搭建各地的林地承包经营权交易平台，建立乡镇林权流转中心，统一林权流转交易规则体系，促进林地在较大范围内流转；建立林地流转评估机构和监管机制，规范流转行为；加强林地承包经营纠纷仲裁体系和制度建设。最后，要强化林地流转服务和管理。有条件的地区建立林地流转中介组织，促进林地经营权稳定、有序流转。

（三）加快培育林业规模化经营主体

有条件的地方可以发展专业大户、家庭林场、农民专业合作社等规模经营主体。

1. 林业专业合作社带动下的林业规模经营

林业专业合作社作为新型林业经营主体对促进林业经济规模发展具有独特的优势。林业专业合作社是由农民自愿结成的互助性合作组织，其重要的作用是为社员提供各种产前、产后交易上的服务，通过集中使用资金进行林业优良品种、生产资料的采购和林产品的销售以及获取相关的林业信息、技术指导等；此外，通过专业合作社也可以将破碎的林地集中起来，由合作社统一经营、统一管理，收入按股或按交易额再分配至各社员手中，或者进一步流转到规模更大的企业，减少林地流转过程中不必要的交易成本，帮助林农获得更多的流转收益。林业专业合作社将分散的农户集中起来，进行自我管理、自我服务、合作经营，从而可以实现林业生产的组织化和规模化，为林农创造更多的收益。但由于我国各地的实际情况不同，因此在推进这一模式时还应结合当地实际条件，采用多种形式，逐步使林业生产经营走向规模化。

2. 龙头企业带动下的林业规模经营

林业发展规模经营需要以市场为导向，依托林业产业中龙头企业的技术和管理等优势，引导农户进入市场，将林产品前端的生产和加工与终端的销售有机结合，形成产销一体化的林业经营体系。其主要的带动模式包括：①“企业+农户”模式。在该模式下，农户仍然是自主生产，但农户事先要与林业企业签订购销合同，待收获林产品时再以一定的价格卖给企业。这样，农户分散生产的林产品有了销售的渠道，收益有了一定来源，农户的生产积极性也会得到提高；②“企业十基地+农户”模式。在该模式下，企业不仅与分散的农户进行合作，还可以通过建立一定规模的生产基地，对林产品的生产过程进行直接指导、管理，保证产品质量，提高生产效率；③“企业+林业专业合作社+农户”模式。在该模式下，企业直接与由农户自愿组成的林业专业合作社合作，而不必与单个农户一一进行交易。这样不仅减少了交易成本，而且可以利用林业专业合作社为分散农户的组织化经营以及生产经营全程提供服务，同时也可以消除单个农户在与企业谈判时的弱势地位，保障农户的收益。3种模式各有特点，也有各自适用的条件，因此在应用时需要根据不同区域的实际发展情况来进行恰当选择。

（四）建立健全林业社会化服务体系

1. 新型职业农民培育政策

我国林业发展已经进入一个新的时期，林业经营主体随之出现了多元化趋势，大户、家庭林场、龙头企业、合作社等主体，已经成为推进林业适度规模经营的主力。其中以种养大户、林产品销售能人为代表的新型职业农民，是在林产品生产经营市场化过程中产生的，他们的生产经营活动紧贴市场需求，是具有现代经营理念和企业家精神的新型农民，他们是带动农村发展、林业进步和农民致富的生力军。因此，建立职业农民的培养、认证和扶持政策体系，培养一批懂技术、会管理、善经营的新型职业农民具有重大现实意义。应积极借鉴、学习国外发达经济体在培养职业农民方面的经验：一方面，要加大对农村基础教育的投入和政策安排，对于一些经济基础较好的地区，可以试行十二年制义务教育，以此提高农村人口整体素质，拓宽他们的就业范围；另一方面，要大力发展农村职业技术教育和成人教育，设立完善的农民继续教育机构，形成职业农民的教育成长机制，继续实施国家设立的诸如“新型农民科技培训”“阳光工程”等各种农民专项培训项目，使这些项目的推进成为常态的农民生产经营技能培训计划，并在每年的财政预算中有固定的列支项目。此外，国家还应尽快出台有关职业农民培养、认证的标准和规范，设立专项资金进行培养扶持，对于达到设定标准的颁发职业农民资格证，在信贷、税收、农业基础设施建设等方面进行政策倾斜。

2. 健全林业社会化服务体系

健全林业社会化服务体系是实现林业规模经营的重要保障。首先，要满足林业规模生产对必要技术和信息的需求，组织相关部门和机构提供病虫害防治、森林防火、动物疫病防控等生产性服务，加大林业生产基础设施建设投入等；其次，要建立林权社会化服务机制，促进林权流转和管理的信息化、规范化、专业化，支持林业专业合作社为林业生产经营提供低成本、便利化、全方位的服务，规范专业合作社发展，有序引导其与林业企业合作等；此外，鼓励金融、保险机构为林农、专业合作社和中小林业企业提供贷款和保险等金融服务，加大林业金融创新力度，引导社会资金注入林业生产经营，缓解林农和中小企业的融资困境。

3. 发挥供销合作社的优势和作用

扎实推进供销合作社综合改革试点，按照改造自我、服务农民的要求，把供销合作社打造成服务农民生产生活的主力军和综合平台。利用供销合作社农资经营渠道，深化行业合作，推进技物结合，为新型林业经营主体提供服务。推动供销合作社林产品流通企业、网络终端与新型林业经营主体对接，开展林产品生产、加工、流通服务。鼓励基层供销合作社针对农业生产重要环节，与农民签订服务协议，开展合作式、订单式服务，提高服务规模化水平。

4. 把握好林业规模经营的度

发展林业规模经营虽然可以充分利用资源，降低生产成本，提高劳动生产率，增加林业经济效益；但生产经营规模不是越大越好，需要把握一定的度。把握好林业规模经营的度，就是根据林业生产经营所具备的实际条件，通过调整林地等必要生产要素的投入量或投入水平，科学组织林业产前、产中以及产后诸环节，促进一、二、三产业之间的有效融合，寻找出达成林业经营所追求的经济效益、社会效益和生态效益的一个平衡点。

（五）政策路径创新

1. 保障政策创新

保障政策主要涉及那些由于林业适度规模经营而从传统林业生产中转移出的农民，如何获得持续发展生计和能力等问题，就我国目前的现实来看，需要在户籍政策、社会保障政策和就业政策方面进行创新。首先，要改革现有户籍政策，逐步消除由现有城乡二元户籍政策产生的种种社会、经济不平等现象。改革现有就业政策，消除长期以来由于城乡二元户籍政策产生的城市人与农村人、城市工与农民工这种身份歧视，逐步建立起公平竞争、自由流动的统一劳动力大市场。其次，要推动农村社会保障制度的改革，积极构建完善的养老、医疗、教育等社会保障体系，积极稳妥地逐步消除政策性歧视，要弱化和消除土地对农民的社会保障功能。一方面，应完善农村现有的社会保障机制，逐步提高农村社会保障水平；另一方面，要积极探索进城务工农民的社会保障机制，对于达到某种技术水平、做出某种贡献的外来务工人员，可让其享受与城镇居民同等的社保福利。逐步消除对进城农民及其子女在教育、医疗、就业、养老、社会福利等方面的政策限制和歧视，消除他们对土地流转的后顾之忧，这样有助于大量农村劳动力从传统林业生产中转移出来，减少他们对于土地的过度依赖，促使转业农民尽快进入新产业，融入新环境，极大地促进农村土地向大户、家庭林场等集中，为实现林业的适度规模经营和现代化奠定坚实基础。最后，要尽快建立自由流转、统一、公平的城乡劳动力市场，为农村剩余劳动力转移创造良好的环境。消除歧视性的就业制度，制定公平的就业政策，赋予城市和农村劳动力同等的就业机会，维护农民工的就业权利，加快制定农民再就业的优惠和培训政策。对于土地流转的农户就业，要从政策上给予支持，帮助其顺利实现再就业：一是加强对农民的再就业培训教育，更新就业观念，培养就业技能，提升就业竞争力；二是对自主创业的农民给予一定金融、税收方面的扶持。

2. 财政金融政策创新

林地适度规模经营的推进，离不开财政金融的大力支持，更需要政策性林业补贴的辅助。林业是一个社会效益高、经济效益低的产业，它关系到社会稳定和生态文明的建设发展。在一定程度上，林业具有某种公共品的性质，它承担了部分本应由政府完成的公共职能，因此其发展不能完全任由市场化机制来支配，政府应从各个方面对其进行补贴和支持。首先，应制定完善的财政支林政策，加大财政对林业的支持力度，积极探索建立合理高效的财政支林惠林体系，加大对林业基础设施的投入，注重林业综合生产能力的建设，尽快建立财政支林长效机制和稳定增长机制，要明确政府在林业投入方面的职责和优先序。对于那些投资规模大、受益面积广、使用期长、公益性显著的固定资本和基础设施，主要应该由政府投资建设；对于那些投资规模小、回收期短、收益有保障、能进行市场化运行的项目，应该在政府引导下由各生产经营主体投资建设，甚至可以引入工商资本进入相关投资领域。其次，要发挥金融机构支林扶林的作用，加强金融支林法制建设，加大政策性金融支林力度，积极制定和完善有助于林业发展的正式金融扶持政策，改变农民“贷款无门”的现状，中央和地方政府要积极探索建立农户贷款担保基金，为农户贷款提供担保，要积极发挥国有大型金融机构对林业的金融支持作用，进一步深化农村信用社改革，积极开展小额农贷以及扶贫贴息贷款工作，对农民给予信贷上的一系列优惠。最后，要逐步建立完整统一的政策性林业保险和商业保险相结合的政策体系，减少林业规模经营的风险。一方面，积极建立由政府、金融机构和农户共同参与的林业保险体系，在林业主产区积极探索林业保险巨灾基金的运行机制，建立和完善林业保险互助合作组织，积极探索政府为林业保险“兜底”后购买再保险的制度，发挥政府和市场双重机制在林业保险中的作用，有效分摊林业的自然和市场风险；另一方面，充分发挥现有林业保险体系的作用，大力提升其服务效率和水平，提供更为高效快捷的林业保险服务。

2020

集体林权制度改革监测报告

新一轮集体林改对森林资源的影响

《中共中央 国务院 关于全面推进乡村振兴 加快农业农村现代化的意见》中指出，要坚持把解决好“三农”问题作为全党工作重中之重，把乡村建设摆在社会主义现代化建设的重要位置，全面推进乡村产业、人才、文化、生态、组织振兴，充分发挥农业产品供给、生态屏障、文化传承等功能，走中国特色社会主义乡村振兴道路。我国有46.8亿亩林地，是耕地保有量的2倍还多，且约有60%的贫困人口分布在山区，而山区、沙区既是生态建设的主战场，又是林业资源富集的地方，而集体林权改革的目标之一是增加森林资源，实现可持续经营。因此，在国家脱贫攻战、乡村振兴的伟大征程中，林业发挥着至关重要的作用。此外，十九大报告中指出，建设生态文明是中华民族永续发展的千年大计。但是四十多年的经济持续高速增长给整个社会带来了很大的资源环境压力。目前生态文明建设已上升到我国战略高度，习近平总书记更是多次强调生态建设的重要性。这无疑给林业发展提出了更高的要求，加强森林保护、繁荣林业也成为全社会的共同追求与普遍愿望，林业也将在绿色发展中承担更大的历史使命。2003年以来，集体林改及相关配套改革是中共中央、国务院每年的一号文件均重点关注政策领域之一。集体林地面积占全国林业用地面积的比重维持在60%左右，根据第九次全国森林资源清查结果，集体林地面积、活立木蓄积量、林分面积和林分蓄积量分别占全国的62.08%、42.82%、58.35%和40.96%。集体生态公益林面积占全国生态公益林面积的比重为47.83%。在全部国有林和集体天然林陆续退出木材生产的背景下，集体林尤其是人工林将成为我国木材供给的主渠道，目前集体林区商品材产量、经济林产值和林业产业产值均占全国的80%以上。因此，研究新一轮集体林改是否可以增加森林资源，对于我国森林可持续经营水平提高、木材供给增加和木材安全保障问题具有重要意义（Yin R S，2013; Xu J T，2019）。

1949年以来，中国的集体林权制度从形成到改革，再到演变为当下的制度安排，大致经历了4个阶段：林权初始设置（1949—1953年）、集体林权的形成与发展（1953—1978年）、集体林权“分与统”的两难抉择（1978—1995年）、集体林权制度的基本确定与深化改革（1995年至今）。改革开放以来，我国启动了林业“三定”和新一轮集体林改等多次改革，出台了相关政策措施，旨在实现集体林面积和蓄积量双增以及改善农户生计，促进美丽乡村建设。2003年《中共中央 国务院 关于加快林业发展的决定》提出，推进新一轮集体林改和相关改革。同年，福建省率先启动了深化家庭承包经营的新一轮集体林改，此后，江西、辽宁、浙江等地陆续启动了新一轮集体林改；2008年，中共中央、国务院发布了《关于全面推进集体林权制度改革的意见》，在全国范围内推行新一轮集体林改；2009年以来，陆续启动了以森林保险、减免林业税费、林地林木流转、木材采伐限额制度改革和抚育、造林补贴等为主体的新一轮集体林改的相关配套改革；2014年以来，在新一轮集体林改的基础上，我国推行集体林所有权、承包权和经营权的“三权”分置，积极培育家庭林场和合作社等林业新型经营主体（表3-1、表3-2）。根据《2020年中国林业发展报告》，截至2019年年底，全国确权集体林地面积1.80亿亩，约占各地区纳入集体林改面积的98.97%，已发证面积累计达到1.76亿亩。

表 3-1　新一轮集体林改主要任务及具体内容

主要任务	具体内容
明晰产权	林地承包经营权、林木所有权落实到户，承包期 70 年；依法调处林权纠纷
勘界发证	依法进行实地勘界，登记、核发林权证
放活经营权	商品林公益林分类管理；商品林由林农自主选择经营方向与模式
落实处置权	林农依法转包、出租、转让、入股、抵押或作为出资、合作
保障收益权	林地收益、征占用地补偿、生态效益补偿、各项林业补贴归农户所有
落实责任	承包集体林地应签订书面合同，明确规定责任；规范化管理承包合同

表 3-2　新一轮集体林改及配套措施

林改配套措施	具体措施
林木采伐管理制度	商品林限额采伐、公益林严格控伐
林地林木流转	规范林权流转机制、加强森林资源评估
林改公共财政制度	完善森林生态补偿基金制度，落实造林、抚育等各项林业补贴
林业投融资改革	开发林业信贷产品、拓宽林业融资渠道、健全林权抵押贷款
林业社会化服务	培育发展林业专业合作组织、林业新型经营主体

理论机制

制度变迁指的是在现有的制度安排下难以获得更多的利益，若改变现有的制度安排，就能获得在原有制度下不可能得到的利益。而集体林改就是林业产权制度的一次制度创新，是制度需求与制度供给共同催生的一次林业产权的巨大制度变迁。在经济世界里，产权作为基本的游戏规则，它的界定是否明晰对资源的高效配置绩效起着决定性作用。林权和产权相同，同样也是权利束。包括森林、林木和林地所有权及使用权和林地承包经营权等，它体现的是界定在林业领域里的财产权属关系。但是在林改前，由于林木经营的长期性与林权政策的变化，这些权利无法得到清晰的界定。新一轮集体林改，基本实现了“分林到户”的既定目标，随着“确权发证”工作的完成，不仅使林地产权的完整性与安全性的进一步强化，同时还加强了农户对产权稳定性的认识，进而提高其林地投入水平。

随着我国经济水平的快速发展以及国家在农业方面的资金和政策支持，特别是通过集体林改，国家实施的一系列配套政策后，农户作为森林经营的主体，其行为受经济理性支配而必然追求经济利益最大化。因此，本研究分析林农林业生产经营行为以“理性经济人”假说作为理论基础。

基于以上理论基础，本研究分析得出以下理论机制：

一、新一轮集体林改对森林资源的影响

作为一项新的制度安排，新一轮集体林改在保持集体林地所有权不变的前提下，分林到户，将林地经营权交给农民，不仅明确了农户作为林地的生产经营主体地位，还使其获得了

稳定的土地产权和对林木的各项权利。

根据产权经济学理论，土地产权包含所有权、使用权、收益权和处置权等权利束以及各项权利束的稳定性或安全性。产权完整性主要指产权所包含权利束的数量及每项权利的完整程度，表征着权利或收益的范围和强度，对产权人的投资激励称为"收益效应"。当产权不完整即产权所包含的部分权利缺失或行使受限时，产权能够给权利主体带来的收益随之减少，间接降低产权对投资的激励。相反，赋予完整和自由行使的权利可通过增加资源获取的收益而激励林地投资，进而促进林农加大森林经营规模。

而土地产权安全性则可分别通过保证效应、抵押效应和实现效应这三种途径作用于农户营林决策，进而反馈在森林面积上。首先就保证效应来说，安全性则是指通过影响土地收益获取的稳定性而作用于投资激励，即安全土地产权可以通过保证投资者的收益不被政府、个人或其他机构侵占而提高投资者的投资意愿。其次，抵押效应则是指完备的林地抵押权有利于土地与林木成为抵押品，为农户获得更多的抵押贷款形成保障，获取信贷，增加农户可用于土地投资或各种短期投入的资金，进而满足农户资金需求，刺激其加大造林管护投入，促进投资行为的实现。特别是在林业税费减少以及林业补贴提高时，农户造林管护投入会显著增加。最后，就实现效应来说，农户现有林地面积越大，期限越长，林地使用权就会越稳定，进而刺激农户加大林业投资，延长砍伐时间。此外，农户可将林地林木作为资产性资源予以流转，减少投资风险和不确定性，降低产权交易成本，激励农户投资林地、减少对森林资源的破坏。

总结来说，农户对产权稳定性和产权安全性产生一定的感知后，通过收益效应与保证效应获得林地收益，通过抵押效应降低营林风险，通过实现效应延迟林木采伐决策，加大其造林管护，减少其毁林弃地的意愿，进而促进森林面积的不断增加（图3-1）。

基于以上分析，本研究提出第一个假设：

H1：新一轮集体林改对森林资源具有正向促进作用。

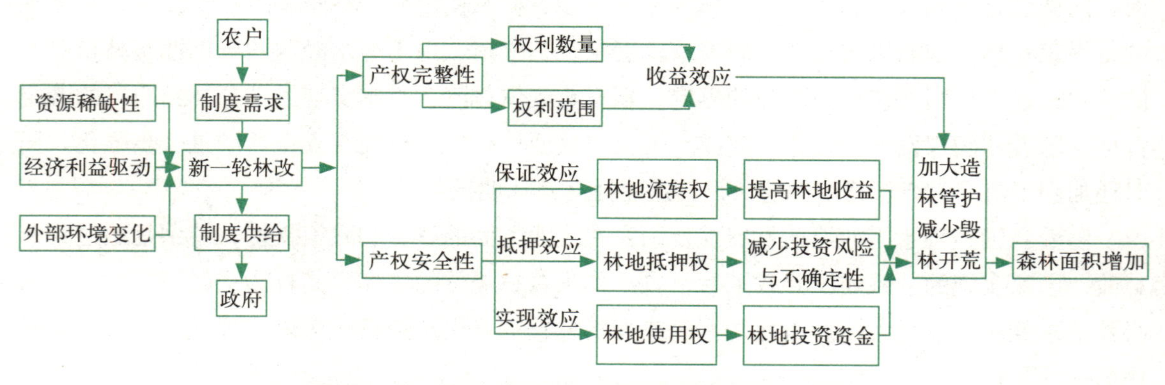

图 3-1 新一轮集体林改对森林资源影响的理论机制

二、新一轮集体林改对异质性林地面积的影响

集体林改将公益林和商品林都进行了确权到户，但农户在两种类型的林地上投入差异较大，更偏重于商品林的投入，对生态公益林的投入缺乏激励。由于生态林产生的生态价值在消费过程中具有典型的公共物品属性，所以生态林价值的付费对象就成为公共利益的代表者

政府，政府通过补贴的形式给予农户价值补偿，但普遍较低的补偿标准使得农户难以从生态林中获得收益，因此农户对于生态林的生产经营缺乏动力。由此带来的一个引申结论是，新一轮集体林权改革对生态林面积的增长无促进作用。

基于以上分析，本研究提出第二个假设：

H2：新一轮集体林改对异质性林地面积的影响有明显差异。

三、新一轮集体林改相关配套措施对森林资源的影响

2009 年以来，在完成新一轮集体林地确权的基础上，我国陆续启动了以森林保险、减免林业税费、林地林木流转、木材采伐限额制度改革和抚育、造林补贴等为主体的新一轮集体林改的相关配套改革。

在其他条件保持不变的情况下，造林和森林抚育补贴通过降低农户造林和抚育的成本，促进农户营林积极性；森林保险能够降低林地经营风险，若发生自然灾害，则可通过获得赔偿而降低灾害损失；而林权抵押贷款作为一种新型金融制度创新，增加了农户等林业经营主体获得融资的可能性，在一定程度上缓解了其融资贷款难的问题。作为理性人的农户，在配置生产要素时会倾向于边际报酬高的生产要素，新一轮集体林地确权后，提高了农户所经营林地的安全性与完整性，进而提高生产要素边际报酬。对于这些能够降低农户的营林成本和提高收益的配套改革措施，农户的劳动力和资本投入的边际报酬也会不断提高，促使其愿意保留更大的林地规模，投入更多的生产要素，进而长期作用于森林资源的增长。

但是在森林采伐限额方面，一般来说，森林最优化利用应该发生在无任何外在约束的情形下。而现实中国的情况是，森林的开采受到采伐限额的影响。这种采伐限额分两种情况，第一种情况是森林采伐限额开采量大于最优开采量，理性的经济人不会在最优开采量的基础上去开采更多的森林，所以此时的采伐限额是无效的。第二种情况是森林的采伐限额小于无开采限额时的最优化采伐量，则会使得森林所有者无法按照利润最大化的方式进行开采，使得森林难以最优利用。因此，从经济学角度来看，森林采伐限额的实施不利于森林资源的最优化利用。

因此，本研究提出第三个假设：

H3：新一轮集体林改的相关配套措施也会对森林资源产生不同程度的影响。

数据分析

一、数据来源

本文使用的数据来自国家林业和草原局经济发展研究中心农林室2003—2016年开展的农村住户追踪调查，该数据得到了中国财政部和亚洲开发银行的资助。该数据通过分层抽样和随机抽样调查涵盖了东北集体林区、南方集体林区、西南集体林区等中国各大集体林区，共9省（区）18县（市）1227个样本农户。数据收集分3个层次：采用调查表对样本县随机抽取的3个乡镇采集乡镇层面的数据；采用调查表对样本镇随机抽取的3个行政村采集村级层面的

数据；采用问卷和调查表对样本村随机抽取的每个村的15个农户进行访谈，获得农户家庭成员，以耕地、林地等为主的土地资料，固定资产情况，生产经营及支出活动，销售农产品，收入来源及支出，家庭消费等数据信息。经过长期追踪调研数据能够较全面地反映中国集体林区农户及家庭成员的生产经营等各项活动。

二、描述性统计

从农户调查主要变量的均值来看（表3-3），在家庭特征方面，林地面积整体呈增长态势，户主年龄不断增大，但整体受教育年限降低，样本中干部身份人数也逐渐减少，家庭人口整体呈减少趋势，家庭总收入不断增长，其中林业收入增速较快。在社会特征方面，道路状况不断改善，劳动力价格与木材价格不断上涨，林业投入与劳动力投入也不断增长。而自2009年以来，我国才陆续启动了以森林保险、减免林业税费、林地林木流转、木材采伐限额制度改革和抚育、造林补贴等为主体的新一轮集体林改的相关配套改革措施，因此2003—2008年间，木材采伐限额措施、森林保险、林权抵押贷款、林业补贴的衡量值均为0。

表 3-3 描述性统计

指标		2003 年		2007 年		2011 年		2015 年	
		均值	标准差	均值	标准差	均值	标准差	均值	标准差
林地面积（亩）	(Ln)	−1.128047	5.706845	0.0579788	5.222946	1.331022	4.215831	1.556627	4.019452
林改与否	是 = 1，否 = 0	0.1871574	0.3901906	0.8183242	0.3857282	1	0	1	0
户主年龄（年）	(Ln)	3.779336	0.2437399	3.869119	0.2217851	3.951125	0.2036819	4.016749	0.1884493
户主教育（年）	(Ln)	1.731421	1.559608	1.731421	1.559608	1.72821	1.653543	1.363941	2.562283
干部与否	是 = 1，否 = 0	0.2685983	0.4434041	0.2685983	0.4434041	0.2364918	0.425094	0.2192639	0.4139099
家庭规模（人）	(Ln)	1.367634	0.3764023	1.367634	0.3764023	1.333716	0.4110358	1.225202	0.4728117
家庭收入（元）	(Ln)	8.684412	2.188085	9.297086	1.376946	9.698643	0.9992569	9.941606	1.134502
林业收入（元）	(Ln)	−1.845455	8.162547	−0.4126714	8.224757	−0.0765284	8.238406	2.657227	7.110482
非农劳动力价（元）	(Ln)	3.647583	0.3729733	3.726633	0.3863878	3.879076	0.4050832	4.172843	0.3253916
木材价格（元）	(Ln)	5.703021	0.1540065	5.995186	0.1921901	6.137933	0.1712117	6.202279	0.1782615
采伐与否	是 = 1，否 = 0	0	0	0	0	0.4534064	0.4980193	0.6006265	0.4899615
林业补贴	是 = 1，否 = 0	0	0	0	0	0.5865309	0.4926484	0.7588097	0.4279731
林权抵押贷款	是 = 1，否 = 0	0	0	0	0	0.009397	0.0965195	0.0086139	0.0924469
森林保险	是 = 1，否 = 0	0	0	0	0	0.2913078	0.454543	0.6021926	0.489637
林业投入（元）	(Ln)	−5.667152	6.593053	−5.109999	6.883362	−4.200857	7.397845	−4.709718	7.092459
劳动力投入（人）	(Ln)	−4.088271	6.284481	−3.426885	6.370805	−3.490031	6.544821	−0.2541409	5.555234

三、模型设置

本文采用的是面板数据，它可以有效解决遗漏变量偏差问题，同时拥有时间和截面两个维度也可以提供更多的个体行为信息。对森林资源决定方程进行参数估计时，需要采取一些判断和操作。面板数据估计的一个极端策略是将其看成截面数据进行混合回归，而这种回归忽略了个体之间的异质性，因此不能直接使用混合回归。为了避免忽略个体的异质性，可采用个体效应模型，对于个体影响和解释变量间相关程度的确定，一般用两种估计方法：固定效应（FE）估计法和随机效应（RE）估计法。采用Boot strap的Hausman检验，结果显示，Hausman检验的统计值为245.65且P值小于0.05（表3-4），表明模型在1%的水平上显著拒绝随机效应模型和固定效应模型估计结果一致的原假设，采用固定效应模型效果更优。

表 3-4 Hausman 检验

检验方法	统计值	P 值
Hausman	245.65	0.0000

此外，考虑到地区经济水平，社会文化等方面都存在差异，可能会存在不随时间变化的遗漏变量，故应使用固定效应估计法；本文核心解释变量只有一个指标，较为固定，不具有随机性和推广性，因此固定效应模型更合适。

本文主要研究集体林权改革对我国森林资源的影响，并进一步识别其对用材林以及生态林的不同影响。为此，建立固定效应面板模型如下：

$$y_i = \alpha_0 + \alpha_1 x_1 + \alpha_2 x_2 + \alpha_3 x_3 + \cdots + \alpha_n x_n + \mu_i + \lambda_t + \xi_{it}$$

式中：i 代表样本村；t 代表时期，被解释变量y_i为森林总面积，并列出商品林面积、公益林面积、用材林面积、经济林面积作为支持依据；x_1为参与林改与否，为0-1变量，其系数α_1集体林改对森林面积的影响程度。X_2，X_3，....，X_n则为影响森林面积的其他控制变量，μ_i和λ_t分别为控制个体和时间固定效应，ξ_{it}为残差项。

具体而言，本文选用我国森林面积、公益林面积、用材林面积、经济林面积作为被解释变量，研究林改对不同林种的影响。总体的森林面积则能够反应整体森林资源的变化趋势，而生态林则担负生态环境保护重任。用材林的面积最直接决定了国内的木材供给能力；相对于用材林，经济林主要以经济价值为生产目的，能够给农民带来更多的经济效益，因此集体林改通过确权发证与分山到户，在影响林农对林地产权的感知程度上，经济林比用材林更强。

核心解释变量为是否参与集体林权改革，用0-1变量来衡量。解释变量主要有非农劳动力价格、道路状况等经济社会因素；户主年龄、户主受教育程度、干部与否、家庭人口、家庭总收入等家庭特征变量；林地投资、林地投工、林业收入等林业特征；森林采伐限额、森林保险、林权抵押贷款、林业补贴等林改配套措施。

四、经验性结果分析

在林地确权方面，集体林改对森林总面积、经济林面积、用材林面积影响均在1%的水平上显著，这说明我国实施的集体林改对森林面积的增长起到了显著的促进作用（表3-5）。从总体上来说，进行分山到户和确权发证，稳定了农户的林地使用权，会延迟农户采伐林木的决策，进而激励其加大造林投入，长期来看，会促进森林面积的增加。对于公益林来说，林改同样也促进了其面积的增长，这与本文假设H2相悖，可能是因为随着非农就业的增长，大量年轻劳动力流入城镇进而使得家庭农业劳动力不足，部分农户会倾向于将多余的林地变更为公益林。

在林改相关配套措施方面，我国实施集体林改后，又先后出台了林业补贴、林权抵押贷款、森林保险等一系列集体林改配套措施来提高林农营林用林的积极性。通过实证结果分析可以发现，林改相关配套措施也会对异质性林地产生不同的影响作用。

表 3-5　新一轮集体林改及配套措施对森林资源的影响

变量	森林面积	用材林	经济林	生态林
集体林改	1.0174*** (7.31)	2.0567*** (9.88)	0.5010*** (3.42)	0.7960*** (4.41)
户主年龄	0.2725 (0.104)	2.0668*** (3.78)	0.2155 (0.56)	1.0977* (2.31)
户主受教育年限	–0.0252 (–1.62)	–0.0610** (–2.63)	0.0249* (1.52)	0.0016 (0.08)
干部与否	0.0521* (0.59)	0.0273 (0.21)	0.1430 (1.54)	0.0417 (0.36)
家庭人口	0.2391*** (2.61)	0.0883** (0.08)	0.2172** (2.25)	0.0529 (0.44)
家庭总收入	0.3066*** (13.46)	0.0026* (0.08)	0.0384 (1.60)	0.0073 (0.25)
道路状况	0.3415* (4.18)	–0.2141* (–1.75)	–0.3430*** (–3.99)	0.1812* (1.71)
林业收入	0.0021*** (0.48)	0.0127* (2.00)	0.0030* (0.68)	0.0185 (3.34)
非农劳动力价格	–0.6884*** (–4.70)	1.42026** (6.48)	–0.0594 (–0.39)	–0.1287*** (–0.68)
采伐与否	–0.2148** (–2.52)	0.0212*** (0.24)	–0.1009 (–2.35)	0.0424 (0.38)
林业补贴	0.1587*** (1.95)	0.2314* (1.90)	0.1066 (1.24)	0.6595*** (6.23)
林权抵押贷款	0.0041 (0.01)	–0.1253 (–0.26)	0.0141 (0.04)	1.7136*** (4.12)
森林保险	0.6548*** (8.81)	0.1886* (10.02)	0.2522*** (3.22)	0.5457*** (5.66)
林业投资	0.0666*** (14.39)	0.0491*** (7.09)	0.0427*** (8.75)	0.0072 (1.20)
林业投工	0.1443*** (26.94)	0.0803*** (10.02)	0.0293*** (5.19)	0.0160** (2.30)
常数项	5.1370*** (2.93)	（–15.2521）*** (–5.81)	–7.7600*** (–4.20)	–12.1023*** (–5.31)
个体固定	是	是	是	是
时间固定	是	是	是	是

注：*，**，*** 分别表示在 0.1，0.05 和 0.01 水平上显著，括号中为 t 统计值。

对林地总面积来说，林业补贴、森林保险均在1%的水平上显著，而采伐限额措施则在5%的水平上呈现负显著，这说明限制采伐的数量越多，农户就越难以进行木材销售，其积极性就会受到影响，进而会减少林地面积。

森林保险对林地总面积、经济林面积、公益林面积均达到了1%的显著水平，说明森林保险的出台，提高了农民对于林地的风险承受能力，促使其加大营林活动，进而促进面积的增加。但是森林保险对于用材林则在1%的水平上显著，这可能是由于用材林投资周期较长，变现难，其预期收益折现值较低。林业补贴对林地总面积和公益林均达到了1%的显著性水平，对用材林和经济林达到了5%的显著性水平。公益林的主要收益为政府补贴，而用材林与经济林的收益主要为销售收入，林业补贴在其报酬结构中只占很小一部分，所以林业补贴对于公益林的促进作用更加显著。而林业采伐限额管理制度与森林总面积呈现负显著关系，这可能由于采伐限额的提高，使得农户难以申请到指标，进而减少了营林积极性。而采伐限额与用材林则在1%的水平上正向显著，根据调查过程中与农户的访谈得知，农户一般自己并不向当地林业部门申报林木采伐指标，而是采用买卖青山的方式将活立木直接卖给木材收购商采伐指标。因此，林木采伐限额管理制度通过影响买卖青山价格，进而影响林农收益。采伐限额越大，青山价格越高，进而促进农户用材林经营意愿的增强。而林权抵押贷款只与公益林呈显著关系，通过国家林业和草原局的农户调研情况可知，相对于其他林地，林权抵押贷款的获得门槛较高，零散且数额较少的林地难以达到抵押门槛，而一般农户拥有的公益林亩数相对于其他林地来说较大，因此也就很好地解释了公益林与林权抵押贷款之间的正向关系。

此外，在家庭特征方面，家庭人口数量对林地面积起到了积极的促进作用，其在1%的水平上显著。家庭人口多，相应的劳动力数量就会越多，进而促进了营林生产。同样家庭总收入也达到了1%的显著水平，说明家庭收入越高，就会有更多的资金来进行林业生产投入与经营。户主的受教育年限与其政治面貌均对林地总面积无影响，但户主年龄与用材林面积呈现反向增长关系，这可能是由于随着户主认知水平的提高，其会预测到用材林相较于其他生产活动的预期收益较低，因此会减少关于用材林的生产经营。在林业特征方面，林地投资与林地投工对于林地总面积、用材林、经济林均在1%的水平下显著，而林地投工对公益林在5%的水平下显著，林地投资对公益林不显著，这说明农民在林地上的投入增加会对其营林行为产生正向的影响，进而对林地面积产生正向的激励作用，而营林所带来的收益反过来又会促使农民加大林业投资，进而产生正向的循环反馈机制，但是由于公益林属于公共物品，农民即使加大了对公益林的投入也无法直接获得营林效益，进而不会影响到公益林面积的增长。在经济社会条件方面，非农劳动力价格则与林地面积显著呈反向增长的关系，非农就业价格越高，林地面积越少。当外出务工所获得的报酬大于从事林业生产时，理性经济人一般都会选择放弃较低的林业生产转而外出打工，因此营林活动以及林地面积也会随之进行减少。

结论和展望

本研究根据四川、云南、广西、江西、浙江、湖南、辽宁、山东、云南9省（区）的实地调研数据，通过描述统计的分析方法和固定效应分析法对林权改革对森林资源的影响进行实证分析，探究新一轮集体林改以及相关配套措施对森林资源的影响。

基于实证研究结果可以得到几个基本结论：第一，赋予林农更明确和完整的林地产权能够有效促进森林资源的增长，即新一轮集体林改对我国森林资源的增长有正向促进作用。第二，相关林改配套措施如造林补贴以及森林保险也会对森林资源起到正向的促进作用，且对不同林地面积的增长作用不同，而采伐限额管理制度则抑制了森林面积的增长。第三，从林种结构上而言，新一轮林改促进了经济林面积、用材林面积以及公益林面积的增加。第四，其他因素如林业投资、林业投工等林业特征以及家庭收入和家庭劳动力数量也对森林资源起到了正向促进作用，而非农就业水平的提高与林地面积的增长呈明显负相关。

目前，全国集体林改已进入新的阶段，完善集体林权制度、建立集体林业良性发展机制的方向已经明确。考虑到新一轮集体产权制度主体改革及其配套改革取得的进展与积累的丰富经验，为了更好地推动集体林改，以及促进我国森林资源的有效增长，结合本研究中相关分析结果，基于我国集体林区的林情和社会经济发展趋势，提出如下政策建议：

第一，继续强化集体林改，全面总结各地在改革过程中的先进经验并加以推广，解决改革前遗留和改革后出现的各种问题和矛盾纠纷；注意对不同类型的林地和不同类型的农户区别对待，与时俱进地和有针对性地深化改革，巩固和扩大集体林改成果，增强集体林业发展活力，活化经营管理机制，建立良好激励体系，以推动集体林区森林资源持续增长和农民林业收入显著增加。

第二，扩大森林保险范围，完善森林保险机制。根据林种、林龄、地理位置、自然环境等因素的差异，结合农户的实际需要，设计多种保险产品类型供农户选择，促进农户对森林风险进行有效管理。要提高政策性、商业性森林保险理赔的准确性，推动政策性森林保险投保周期改革，适度延长投保周期，进一步提高政府对商业性保险保费的补贴标准，强化森林保险服务体系建设，着力提高森林保险理赔效率。通过不断完善森林保险以及林业补贴等相关能够促进林地面积与农户营林积极性的配套改革措施，优化与完善政策措施来促进森林面积的长效增长。

第三，加大林业补贴力度，通过提高补贴力度及补贴范围，促使农户不断加大对林地的投资与投工，进而提高农户营林积极性，在促进农户增收致富的同时，保持森林资源的有续增长。通过实证分析可以得出，促进农民收入提高的政策能够促进森林资源增长，这是因为经济条件的改善将作用于农户的理性决策，进而有效促使农户增加林地投入、改善林地经营方式，因此，政策的重心应该是千方百计促进农民增收，并且减少各种形式的管制。

第四，完善林权抵押贷款制度，探索金融合作新形式。以林权抵押贷款政策为主流的林业信贷政策作为一种重要的农村融资方式，是增加林业发展所需资金的重要渠道，但是仍然存在贷款门槛高、利率高、机构少等相关问题。有关部门应进一步调动民间资本流入森林相关产业。例如，可以利用民间的闲置资金通过类似“标会”的形式筹集资金，将林权作为这些资金的后期保障，防范违约风险。同时，再吸收一些林业合作社形成一个合作的框架，并与农发行、农信社等对接，搭建新的金融合作模式。预期使得在增加农民收入的同时，民间资本充分服务于农林业。

第五，改进森林采伐限额管理制度。要发挥采伐指标的倾斜性，让有林权抵押贷款且林地达到采伐标准的农民优先进行采伐，减少林农的经营风险；增强采伐指标的透明度，将采伐指标以林龄为主要分配依据，对林龄进行登记管理，林农在有关部门随时都能查阅，根据林龄自家的林地何时可以采伐，增加采伐指标透明度，使林农形成明确的采伐预期。

第六，在制定政策时，对不同林地进行区分。相对于其他林地，林改及相关配套措施较难对用材林起到正向的影响作用，进而导致农户在短期难以通过用材林获得营林收益，由此会导致农户对于用材林经营丧失积极性，进而严重影响到我国的木材供给。因此，关于用材林政策的缺位应当引起有关部门的重视，如可参考福建省森林银行的做法，通过对零散化、收益低、碎片化森林资源进行转化、整合、保护和提升，实现林木林地资源的多元化增值，为推动森林资源变资金、变资产，促进林业一、二、三产业融合发展。

此外，在“绿水青山就是金山银山”的可持续发展理念指导下，政府还可建立完善针对生态公益林的相关措施，使林业充分发挥生态屏障的功能。在生态补偿标准方面，可以通过科学计算生态林和商品林的收入差异，以此为参考标准来对生态林农户进行补偿；林业部门还可以通过大力发展林业林下经济，寻找、开发好的生态项目，将生态效益转换为经济效益，以此来实现生态公益林的发展。

2020

集体林权制度改革监测报告

生态保护与放活林地经营权之间的矛盾研究

概　况

一、问题的提出

生态文明是人类社会进步的重大成果。人类经历了原始文明、农业文明、工业文明，生态文明是工业文明发展到一定阶段的产物，是实现人与自然和谐发展的新要求。建设生态文明是关系人民福祉、关乎民族未来的大计，是实现中华民族伟大复兴中国梦的重要内容。2013年5月，习近平总书记在中央政治局第六次集体学习时指出，“要正确处理好经济发展同生态环境保护的关系，牢固树立保护生态环境就是保护生产力、改善生态环境就是发展生产力的理念。”这一重要论述，深刻阐明了生态环境与生产力之间的关系，是对生产力理论的重大发展，饱含尊重自然、谋求人与自然和谐发展的价值理念和发展理念。

改革开放以来，我国坚持以经济建设为中心，推动经济快速发展起来，在这个过程中，我们强调可持续发展，重视加强节能减排、环境保护工作。但也有一些地方、一些领域没有处理好经济发展同生态环境保护的关系，以无节制消耗资源、破坏环境为代价换取经济发展，导致能源资源、生态环境问题越来越突出。比如，能源资源约束强化，石油等重要资源的对外依存度快速上升；耕地逼近十八亿亩红线，水土流失、土地沙化、草原退化情况严重；一些地区由于盲目开发、过度开发、无序开发，已经接近或超过资源环境承载能力的极限；温室气体排放总量大、增速快；等等。导致能源资源难以支撑、生态环境不堪重负，对经济可持续发展带来严重影响。习近平总书记在谈到环境保护问题时指出：“良好生态环境是最公平的公共产品，是最普惠的民生福祉。”“我们既要绿水青山，也要金山银山。宁要绿水青山，不要金山银山，而且绿水青山就是金山银山。”这生动形象地表达了我们党和政府大力推进生态文明建设的鲜明态度和坚定决心。要按照尊重自然、顺应自然、保护自然的理念，贯彻节约资源和保护环境的基本国策，把生态文明建设融入经济建设、政治建设、文化建设、社会建设各方面和全过程，建设美丽中国，努力走向社会主义生态文明新时代。

森林生态系统在生态环境的保护和修复中具有重要的作用。森林生态系统是陆地上最庞大、最复杂的生态系统，森林面积约占陆地面积的1/3，是陆地生态系统的主体，也是陆地上最稳定的生态系统。人类活动对森林生态系统中的任何一个组成的干扰都可能会引起其他成分的连锁反应，并导致整个系统结构的变化。具体说森林生态系统具有的效用性，包括防风固沙、保持水土、涵养水源、减少温室气体、减少热效应、调节气候、提供游憩环境等多种生态服务形式。

从历史发展的角度来看，森林首先是以其可以提供木材而纳入人类社会经济周转的。而且这个阶段，持续了相当长的时间。随着人们认识水平的提高和历史经验教训的总结，人们才开始认识到森林作为保护性资源的这一特点。从而使林业经济向着木材商品经济和保护性资源经济统一体的方向发展。从生态平衡出发，保护性资源经营在这个统一体中是占主导地位的，只要把这个方面的问题处理好，源源不断的木材和其他林产品的供应也就解决了。只抓木材，林业经济就会走上死胡同。只有正确认识林业经济的这一特点，才能摆正林业在国民经济中的地位。

二、研究目的与调研区域和对象

（一）研究目的

按照尊重自然、顺应自然、保护自然的理念，贯彻节约资源和保护环境的基本国策，把生态文明建设融入经济建设、政治建设、文化建设、社会建设各方面和全过程，建设美丽中国，努力走向社会主义生态文明新时代是我国既定的发展战略。森林生态系统在生态环境的保护和修复中具有重要的作用。森林生态系统是陆地上最庞大、最复杂的生态系统，森林面积约占陆地面积的 1/3，是陆地生态系统的主体，也是陆地上最稳定的生态系统。因此，生态文明建设必须以林业的发展为基础，以森林生态系统稳定和改善为基础，二者是相辅相成的。

从理论上说，森林生态系统要实现最优的生态保护效益应实行近自然经营，对森林生态系统最严格的保护，减少人工干预。但是如果对集体林只讲严格的保护，而不讲经营利用，不仅不能解决国民经济发展对日益增长的林产品需求，不能满足山区农民对林地经营利用，提高收入的愿望，不能吸引社会资本投资林业，从长远看也会影响到森林资源增长，从而影响到生态环境的改善。但是，从短期看，放活林地经营权不可避免增强对森林生态系统的人工干预，特别是进入的社会资本将会追求经济效益的最大化，如果没有科学制定和有效管理，两者之间存在矛盾是不可避免的。

因此，本调研要解决的关键问题是：①研究放活集体林经营权与生态保护的矛盾焦点是什么？②放活集体林经营权对生态保护影响的主要方式是什么及影响程度如何？③如何化解放松放活林地经营权与生态保护之间的矛盾，或者说如何降低两者之间的矛盾冲突？

（二）调研区域和对象

调研区域为福建三明市的沙县和建宁县、南平市的建瓯市和武夷山市、龙岩市的连城县、宁德市的屏南县。其中，武夷山市和建宁县分别包含武夷山自然保护区、建宁闽江源自然保护区；沙县和建瓯市总体立地和生态条件较好；连城县和屏南县总体立地条件较差，生态环境相对脆弱。

具体调研的对象：林业管理部门和自然保护区管理人员、国有林场主要管理人员、村干部、林业经营大户和一般农户、社会资本经营主体管理人员。其中，将对林业管理部门人员、自然保护区管理人员和村干部的调研，作为了解基本情况的面上调查，共调查20人次；将林业合作经营组织、林业经营大户（家庭林场）和一般农户、社会资本经营主体管理人员、国有林场主要管理人员作为调查分析的样本，总样本数200个。其中，林业合作经营组织50个、林业经营大户（家庭林场）50个，一般农户70个、社会资本经营主体20个、国有林场10个。

三、放活林地经营权的重要作用与制度安排

林业乃是为人类社会的生存和发展提供林产品和环境条件的资源部门。林业不仅可以生产木材和其他林产品、林副产品，通过森林培育和经营为大农业提供丰产稳产的保障，而且

可以为人类生存和发展提供重要的环境条件，它具有林产品生产和保护性资源经营的双重职能。而我国国民经济发展和环境基础的现实，必须大力发展林业，以满足社会经济发展对林产品和生态环境的不断增长的需求。因此放活林地经营权始终是我国集体林权制度的一项重要内容，每一次集体林改都在这方面进行积极探索。在实践层面，各地政府和林业主管部门为了促进林业发展，增强各类经营主体对林业投资的积极性，降低林业投资经营的成本，也不断在技术层面探索放活林地经营权。为了深化集体林改，巩固集体林改的成果，2018年，国家林业和草原局专门出台《关于进一步放活集体林经营权的意见》。

（一）放活林地经营权的重要作用

放活集体林经营权，减少发展林业的制度障碍，降低林业生产经营的成本，提高林业的经营效益，既有利于调动农户投工投劳发展林业，也有利于吸引社会资本投资林业，推进适度规模经营，有利于实现小农户与林业现代化建设有机衔接，也是适应中国农村社会经济发展变化的需要，对促进生态美、百姓富的有机统一、推进实施乡村振兴战略意义重大。具体的重要作用体现在以下几个方面：

1. 进一步放活林地经营权是深化集体林改的需要

集体林改赋予农民长期稳定的承包权、经营权，实现“山有其主，主有其权，权有其责，权有其利”。集体林改效应的发挥必须进一步放活林地经营权，赋予农户林权转让、入股、抵押的权利和改革完善相关配套制度。

2. 放活林地经营权是解决林地细碎化问题的需要

集体林改后，大部分林地都已承包到户，集体林地分散化、细碎化更加明显，生产经营缺乏规模效应。放活林地经营权，通过市场化的手段，促进林权流转，才能促进林业的适度规模经营。

3. 放活林地经营权才能提高林业对社会资本的吸引力，增强林业对社会资本的配置能力

制约集体林业发展的重要因素之一在于缺乏资本的投入，而社会资本不愿意投资林业，关键在于林业经营的限制性制度多，政策风险大，比较收益低。因此，只有放活林地经营，降低林业经营的制度成本，提高林业经营的收益率，才能吸引更多的社会资本投资发展林业。

4. 放活林地经营权也是适应中国农村社会经济发展变化的需要

随着社会经济的发展，农村劳动力大量向城镇转移，这种趋势还将延续。因此，林业的发展必须不断增加资本和科技要素替代劳动力要素，而资本和科技要素对劳动力的替代必须建立在规模经营和现代经营组织的基础上。

（二）放活林地经营权的主要制度安排

1. 探索建立集体林地“三权分置”运行机制

推行集体林地所有权、承包权、经营权的“三权分置”运行机制，落实所有权，稳定承包权，放活经营权，充分发挥“三权”的功能和整体效用。林地经营权人有权依照流转合同依法利用林地林木并获得相应收益，探索作为经营权人实现林权抵押、评优示范、享受财政补助、林木采伐和其他行政审批等事项的依据，平等保护所有者、承包者、经营者的合法权益。

2. 引导分散农户林权市场化流转，提高林业规模化经营水平。鼓励各种社会主体依法依规通过转包、租赁、转让、入股、合作等形式参与流转林权，引导社会资本发展适度规模经营。重点推动宜林荒山荒地荒沙使用权流转，促进国土绿化。可以根据农民意愿，通过预流

转、委托流转等方式，组织集中连片经营的农户承包林权在公开市场上招商引资。集中项目支持农村致富带头人和社会资本建立基地，引导和支持农民以林权等入股发展林业。

3. 拓展集体林权权能

在林权权利人对森林、林木和林地使用权可依法继承、抵押、担保、入股和作为合资、合作的出资或条件的基础上，进一步拓展集体林权权能。鼓励以转包、出租、入股等方式流转政策所允许流转的林地，科学合理发展林下经济、森林旅游、森林康养等。探索开展集体林经营收益权和公益林、天然林保护补偿收益权市场化质押担保，开发符合林业特点的林权抵押质押贷款金融产品，推广规模经营主体间开展林权收储担保业务。

4. 创新林业经营组织方式

在坚持家庭经营的基础性地位前提下，积极推进家庭经营、集体经营、合作经营、企业经营、委托经营等共同发展的集体林经营方式创新。引导具有经济实力和经营特长的农户发展家庭林场，支持规模经营的林业企业、林业专业合作社、家庭林场，领办林业经营联合体，领办林业专业合作社，形成规模化、集约化、商品化经营。鼓励和引导村集体成员以家庭承包林地林木量化折股入场。鼓励和引导工商资本到农村流转林权，建立产业化基地，向山区和林区输送现代林业生产要素和经营模式。

5. 推进产业化发展

产业发展是经营权活化的最直接动因，要按照“绿水青山就是金山银山”的理念，规划好集体林业资源的利用方式、途径、强度和产业布局，提高林地综合效率和产出率。改造传统用材林，积极发展乡土大径级和珍贵树种用材林，鼓励探索择伐、渐伐奖励制度。大力发展林下经济等非木质产业，打造林业产业新的增长极。充分利用森林景观和森林生态环境，发展森林旅游休闲康养等绿色新兴产业。加快森林生态标志产品建设工程建设，创建林特产品优势区和林业产业示范园区，推进一、二、三产业融合发展，培育一批林特小品种大产业基地。

放活集体林经营的主要影响

一、对林业经营投资意愿和经营规模的影响

从面上调查情况看，各地林业管理部门和村干部普遍反映，随着社会经济发展，居民收入水平的提高，放活集体林经营权，集体林经营出现明显的变化趋势。

（一）林地流转快速增长，林业经营规模扩大

三明市内拥有各类林地规模化经营组织2862家，国家级林业专业合作社7家，省级示范林业专业合作社43家，省级示范家庭林场32家。具体各类规模经营主体个数如表4-1所示。股份合作经营模式占据首位，市内共有1659家，家庭林场经营主体数量位列第二，有737家，经营主体个数最少的为托管经营，目前只有87家。

表 4-1 三明市林地规模化经营主体个数

指标	公司化经营	股份合作经营	家庭林场经营	托管经营	大户经营	合计
经营主体数量（个）	137	1659	737	87	242	2862

数据来源：三明市林业局 2018 年数据。

根据三明市林业局统计，截至2018年年底，全市林地规模化经营主体的经营规模具体情况如表4-2所示。股份合作经营模式所经营的林地面积最大，达314399.23公顷，占总规模化经营林地面积比例45.93%，占全市林业用地面积比例为16.54%，其次是大户经营模式，经营林地面积164170.70公顷，占总规模化经营林地面积比例为23.98%，占全市林业用地面积比例为8.64%，家庭林场与公司化两种经营模式所经营的林地面积占比相近，占总规模化经营面积比例分别为12.05%与11.51%，占全市林业用地面积比例分别为4.34%与4.14%，托管经营规模最小，经营林地面积44701.33公顷。由此可见，当前三明市集体林地规模化经营模式以股份合作经营、大户经营、家庭林场经营与公司化经营为主，规模经营林地面积达684528.47公顷，占全市林业用地面积约36.01%，平均每家经营规模达239.18公顷，林地规模化经营程度较高，但规模化经营占比仍然较低。

表 4-2　五种规模经营模式林地规模经营情况

指标	公司化经营	股份合作经营	家庭林场经营	托管经营	大户经营	合计
经营林地面积（公顷）	78758.13	314399.23	82499.07	44701.33	164170.70	684528.47
经营面积占总规模化经营林地面积比例（%）	11.51	45.93	12.05	6.53	23.98	100.00
经营面积占总林业用地面积比例（%）	4.14	16.54	4.34	2.35	8.64	36.01

数据来源：三明市林业局 2018 年数据。

（二）社会资本投资林业的投资主体和投资额增长较快，特别是投资森林旅游和森林康养项目明显增加

2006年，福建在全国首创提出发展“森林人家”，以良好的森林环境为背景，以有较高游憩价值的景观为依托，充分利用森林生态资源和乡土特色产品，融森林文化与民俗风情为一体，为游客提供吃、住、娱等服务。福建省国有林场管理局的数据显示，至2019年经省级评选认定的“森林人家”数量已突破600家。福建省三明市提出“发展全域森林康养产业”，中国林业产业联合会发布了2019年全国森林康养试点建设单位名单里，确定了福建省三明市为2019年全国森林康养基地试点建设市，福建省三明市泰宁县为2019年全国森林康养基地试点建设县（区、市），福建省将乐县高唐镇为2019年全国森林康养基地试点建设乡（镇），福建省三明市大田县桃源最氧睡眠小镇为2019年全国森林康养基地试点建设单位，福建省三明市清流县绿野乡居森林康养人家为中国森林康养人家。

从调查的所有200个样本分析，有扩大林业投资，增加林地流入意愿的达到106个，占比达53%。其中合作经营组织、林业经营大户（家庭林场）、社会资本经营主体、国有林场130个样本中，有100个有扩大林业投资，增加林地流入的意愿，占比高达76.92%；在一般农户70个样本中则只有6个有流入林地的意愿，占比为8.57%，而有林地流出意愿的有24个，占比达34.82%。在所有200个样本中，过去三年内有实际林地流入的51个，其中合作经营组织、林业经营大户（家庭林场）、社会资本经营主体、国有林场130个样本中，有49个有实际林地流入，占比高达37.70%；而在70个一般农户中实际发生林地流入的有2个，占比为2.86%（表4-3）。以上调查数据不仅说明林地规模化经营组织进一步流入林地，扩大经营规模的意

愿比较强烈，一般农户则转出林地的意愿比较强烈，也说明了放活林地经营权实际导致林地向规模化经营发展。

表 4-3　集体林地经营组织林地流转意愿和实际林地流转

指标	转入意愿	转出意愿	过去三年实际转入	过去三年实际转出
合作经营	42	4	15	2
经营大户（家庭林场）	40	2	18	1
社会工商资本	8	1	6	1
国有林场	10	0	10	0
一般农户	6	24	2	20

资料来源：调查数据整理。

二、对生态保护的主要负面影响

（一）一般农户经营的小规模林地经济林化比较明显

在调查中发现，由于一般用材林的生产周期比较长，难以在短时期内取得经济效益，采伐部分用材林林地改种经济林的情况比较明显，如将原本树林改造为竹林地、茶叶种植、油茶种植等其他果树种植。

在被调查的70户一般农户中，近10年只种植杉木等用材林，没有调整种植其他经济林的只有20户，占比28.57%；有部分扩种竹林或部分改种油茶、茶叶板栗等其他经济林50户，占71.43%；有改种两种以上经济林的36户，占比51.42%。

（二）集约化经营杉木人工用林，引致树种单一化、纯林化趋势

由于加工企业和社会资本投资造林，主要目的在于获取企业的原材料和追求最大的经济产出，更讲求投入资本的回报率，因此投资造林基本都是以当地速生用材林为主。在福建省被调查的20户林业投资企业，所有造林都以杉木纯林为主，有2户企业所在地适宜桉树生长，这2户企业以种植桉树为主。

被调查的50个家庭林场和林业经营大户中，近5年更新造林为单一杉木纯林或桉树纯林的为40户，占80%，有部分混交珍贵树种楠木等其他树种的为10户，占比20%。

（三）森林旅游休闲项目快速增长，对生态保护负面影响不容忽视

福建省国有林场管理局的数据显示，至2019年经省级评选认定的“森林人家”数量已突破600家，未进行或通过评选认定“森林人家”数量巨大。这些“森林人家”都是依托城郊森林资源，集住宿、餐饮、娱乐、休闲为一体的项目，普遍建设有大量吃住设施、娱乐设施和道路。存在规划设计、施工、使用过度影响森林生态系统，建设相关基础设施及建筑时，不注意建筑材料的选择和与生态环境相容性的问题，还有过度占用林地问题，影响生态环境。

（四）发展林下经济影响生态环境

由于林业产品生产周期长，林农在短时间几乎无法从林产品中获得收益的问题逐渐显现，不同程度地制约了林农对林业的投资和林业生产的发展。林下经济充分利用林地资源和森林空间结构，拓宽了林业经济领域，在基本不改变森林生态系统的前提下，提升了森林经济利用价值，为山区农民依靠森林增加收入开拓了新的渠道。林下经济的基本模式主要有林

下种植模式和林下养殖模式。林下养殖主要利用林下放养鸡、鸭、鹅或放养圈养牛、羊、兔等。林下种植主要利用林下遮阴环境合理种植适合当地种植的药用植物和菌类。从调查的情况看，林下经济对生态环境的影响主要来自三个方面：一是种植和放养密度过大，造成林地植被完全破坏，影响林地植被物对林地水土的保持；二是在原本比较脆弱的森林生态系统发展林下经济，加重了生态环境的压力；三是在发展林下经济过程中，过度使用化肥和农业，造成土地的污染。

问题与对策

一、强化生态保护影响森林经营效益存在的突出问题

党的十八大以来，习近平总书记围绕生态文明建设发表一系列重要讲话，作出一系列重要批示指示，提出一系列新理念新思想新战略，深刻阐述了社会主义生态文明建设的重大意义、重要理念和重大方略。各级政府深入贯彻习近平总书记关于“生态就是资源、生态就是生产力”；“保护生态环境就是保护生产力，改善生态环境就是发展生产力”；“绿水青山就是金山银山”的发展理念。林业建设围绕这一新的发展思想，深入实施以生态建设为主的林业发展战略，着力维护生态安全，大力推进绿色惠民，突出森林生态系统的生态修复和森林资源的保护，天然林保护范围扩大到全国，公益林区划面积进一步扩大，严格森林资源管理制度的执行。严格的生态保护与森林的经营利用不可避免存在冲突。森林经营主体反映的主要矛盾有：

（一）部分商品林被区划为公益林，导致无法采伐利用

近20年，由于不断加强森林生态环境保护，生态公益林和商品林区划不断调整，造成部分经营主体投资经营的商品林被划为生态公益林，不能采伐利用，又缺乏相应的经济补偿，挫伤了社会资本投资林业的积极性。在被调查的200个样本中，有22个涉及，占样本数的11%。

（二）强化生态保护的采伐利用技术规程，增加采伐利用的难度和成本

由于加强森林生态环境保护，森林资源管理部门制定了一系列更加严格的商品林采伐利用的技术规程，如《福建森林采伐技术规程》规定，皆伐面积大小要依据地形地貌而定：坡度不大于5度时，皆伐面积不大于30公顷；坡度6～15度时，皆伐面积不大于20公顷；坡度16～25度时，皆伐面积不大于10公顷；坡度26～35度时，皆伐面积不大于5公顷；坡度超过35度不得进行皆伐。同时还规定：伐区周围应保留一定面积的保留带，保留带的采伐要在伐区更新3年后幼苗稳定生长后进行，等等。诸如此类的规定，增加了经营利用的难度，也增加了采伐利用的成本。由于工商资本经营主体经营规模比较大，对该问题的反映特别普遍和强烈。

（三）采伐指标的控制和申请仍然是影响林业经营者的因素

近年来，国家林业和草原局不断创新采伐管理方式方法，落实国家行政审批改革和“放管服”有关要求，满足集体林改、天然林全面保护等重大方针政策需要。精简审批项目，取消了毛竹采伐限额和年度木材生产计划；改革了限额管理办法，采伐限额原则上按森林经营方案确定的合理年伐量核定，简化分项限额设置，取消了商品材和非商品材界限，非林地林

木采伐不纳入采伐限额管理；下放了审批权限，将农田防护林、短周期工业原料林采伐年龄的权限转由省级林业主管部门规定；推行了采伐公示制度；改变了采伐监管方式等。但森林经营者仍普遍反映该问题，主要是在木材市场价格较好的时期，申请增加采伐指标困难，影响经营效益。

二、协调生态保护与放活林地经营权矛盾的基本对策

（1）按“该管的严管，该放的放活”的原则，严格控制公益林的经营利用。对于商品林的采伐利用的限制应进一步放宽。

（2）对产权归属农户和社会经营主体的重点区位公益林和生态脆弱带公益林，应当通过置换或赎买的方式逐步解决。

（3）根据各地的自然条件，探索具有良好经济效益的混交林经营模式，并建立示范基地，在各类森林经营主体中推广；推行对于营造混交林的补贴制度，以防止树种单一化和纯林化。

（4）依托国有林业企事业单位搭建森林资源管理、开支、运营于一体的平台，对分散于农户的森林资源进行股份制整合，进行专业化管理。福建省三明市推行的“林票”制度值得关注研究。三明市创新推出“林票”制度，着力解决林权分散、林地细碎导致的林业生产经营管理困难等问题，将国有林业企事业单位与村集体经济组织及农户合作经营的各种生产要素以林票的形式股份化，且赋予林票交易、质押、兑现等权能。

（5）研究制定森林旅游休闲投资项目和森林康养投资项目生态环境保护规范。要特别防范森林旅游休闲和森林康养等项目变相成为房地产开发项目。

（6）研究制定投资发展林下经济项目生态环境保护规范，严格规定林下种植和养殖的强度，规定化肥和农药使用标准，建立监管制度，防止土地污染和水土流失。

（7）试点探索集体林地所有权、承包权、经营权“三权分置”运行机制，核心是探索林地经营人有权依照合同实现经营权的流转和抵押、增强林地投资的吸引力。

2020
集体林权制度改革监测报告
林权
抵押贷款创新模式
绩效评价研究

引　言

长期以来，林业一直发挥着生态效益、经济效益以及社会效益，林业的发展关系到国家生态问题和民生问题。2003年，中央开展了新一轮集体林改，确定了林业的所有权、承包权和经营权，建立了较为完善的集体林业经营体系，农户经营林业的积极性被激发出来，但是林业前期的投资成本高、生产周期长、回报见效慢等生产经营过程中长期面临的问题仍然十分突出，当前中国集体林改进入了配套设施建设的后林改时代，林业经营主体对资金的需求愈加迫切，开展以林权抵押贷款为核心的林业融资体系改革成为解决资金短缺，加快林业发展步伐的重要途径。自2004年4月，福建省三明市永安市最先完成了首笔林权抵押贷款业务以来，全国开展了大量的林权抵押贷款试点工作，其主要政策目标是允许农户等林业经营主体以林权证上载明拥有或有权处分的林地使用权和林木所有权作为抵押物，向金融机构贷款；期望通过改善农户的贷款条件，来增加农户信贷的可得性，从而缓解农户林业投资的资金不足问题。但随着林权抵押贷款的开展，银行开展林权抵押贷款的风险较高，贷款发放金额小、贷款发放期限短（贷款期限与林业生产周期不匹配）、贷款利率偏高、贷款程序复杂烦琐等问题也逐渐暴露。为破解林权抵押贷款所面临的困境，2013年开始，浙江、福建、江西、安徽和湖南等省份陆续开始林权抵押贷款改革试点，如浙江省丽水市试点林地经营权流转证抵押贷款，福建沙县试点林地经营权证、中幼林、集体所有林权等林权抵押新型贷款，江西省“林农快贷”、湖南省“惠农担油茶贷”、安徽省宣城市“五绿兴林劝耕贷”等，在全国各地已经形成各具特色的林权抵押贷款模式，而这些贷款模式有哪些特点以及遇到哪些问题，有哪些经验值得总结借鉴，还需要更进一步研究。

本研究综合采用案例分析法、历史研究法、实地调研法、文献调查法对我国林权抵押贷款的发展情况进行深入分析。首先，对林权抵押贷款15年发展历程进行梳理与归纳，分析林权抵押贷款取得的进展、特征与经验。其次，基于林权特性和林业经营者的异质性，从供需两个方面分析林权抵押贷款存在的问题及原因。同时，从林业经营主体林权抵押贷款的可获得性和金融机构风险可控性两个方面，对我国集体林区典型的林权抵押贷款创新模式，如福建三明“福林贷”、明溪“益林贷”、沙县“林地经营权证抵押贷款”、龙岩“惠林卡”、浙江省丽水市“林权IC卡”、江西的“林农快贷”、安徽省宣城市“五绿兴林劝耕贷”，湖南怀化“惠农担特色贷”等进行绩效评价。最后根据林权抵押贷款各模式的特征与经验，总结出完善林权抵押贷款模式的政策建议。

本研究通过理论分析和实地调研，对林权抵押贷款当前的发展现状、遇到的问题以及贷款模式及绩效进行全面对比分析，为林权抵押贷款模式的完善提供决策依据。

现状与问题

一、林权抵押贷款发展历史

（一）林权抵押贷款探索试点阶段

2003年，福建省、辽宁省、浙江省、江西省等率先在全国进行了集体林改试点工作。改革以明确产权归属问题为核心，通过家庭承包的方式，依法向每位农民落实林地使用权和林地所有权。改革后，林地使用权和林木所有权成为可用于贷款抵押担保的有效资产，这为金融机构以林权抵押开展贷款业务创新带来了机遇。2004年4月，中国首笔林权抵押贷款业务在福建省三明市永安市最先完成，自此，林权抵押贷款正式拉开了序幕。为推进林权抵押贷款的发展，2004年5月，《森林资源资产抵押登记办法（试行）》发布，对森林资源资产抵押贷款的范围、登记、续期、注销等手续的具体程序做了具体规定，同时也对登记部门职责及其部门工作人员违反相关规定的法律责任做了具体的规定。该办法是国家针对《森林资源抵押登记办法》首次作出比较系统和全面的规定，它的公布与实施为林权抵押贷款提供了直接的法律依据，拓宽了林业生产者的融资渠道，为全国各地区相继开展林权抵押贷款，防范金融风险工作铺平了道路。2005年年底到2006年期间，江西省、浙江省、安徽省、湖北省、贵州省、湖南省等各地的林权抵押贷款试点工作得到了快速发展。在林权抵押贷款试点期间，各省结合自身发展的特点，进一步改善了林权抵押贷款指导意见和管理办法，相继出台了有关林权抵押贷款的地方性文件，对各地区的林权抵押贷款具体办法都做了更详细的指导。这些意见指导的发布，更进一步确认了林权证的合法地位，为林权抵押贷款的进一步发展铺平了道路。

（二）林权抵押贷款规范发展阶段

经过几年时间的试点，林权抵押贷款得到了一定程度的发展，但各地区林权抵押贷款相继出现林权抵押贷款不良率高、抵押物处置困难等问题，银行放贷的积极性也逐渐降低。这阶段解决问题的关键是要出台全国性的文件，对林权抵押贷款进行规范与指导。2008年12月8日，《关于当前金融促进经济发展的若干意见》发布并明确提出农村金融机构开展林权抵押贷款业务要往健康可持续方向发展，为林权抵押贷款之后的规范发展指明了方向。随后一年，国家林业相关部门联合出台了《关于做好集体林权制度改革与林业发展金融服务工作的指导意见》，对林权抵押贷款期限、利率、相关的配套措施和政策支持等又进一步做了明确的规范。在林业贷款期限方面，文件规定林业贷款最长可为10年；在贷款利率方面，文件规定林农贷款业务，借款人原则上实际承担的贷款利率不能超过中国人民银行规定利率的1.3倍；在林权抵押贷款配套措施和政策支持方面，文件规定要加大对林业发展信贷的支持和风险的防范，相关部门应提高林业信贷服务质量，加速推进林业征信系统建设，实现林业贷款信息共享机制。可以说，该意见的出台对我国林权抵押贷款业务以及农村金融服务的规范发展，提供了重要的制度保障。2013年7月16日，《关于林权抵押贷款的实施意见》由中国银监会与国家林业局联合印发，进一步明确了林农和林业生产经营者林权抵押贷款的法律地位，对可抵押的林权种类、林权抵押贷款程序规范、林权抵押贷款的等级与变更、共有林权抵押办法、林权抵押贷后管理、抵押后林权的处置方式等，做出更规范的要求，创新性地把集体林地的承包权和林木的所有权作为抵押物，为林权抵押贷款之后的发展提供了更详细的指导方案，真正实现了森林资源向森林资本的历史性转变。

（三）林权抵押贷款全面推广阶段

经过了前期的探索试点与规范发展，林权抵押贷款取得了显著的进展，各地探索出不同的先进经验和贷款模式。2016年，国务院办公厅发布《关于完善集体林权制度的意见》，明确提出，银行业等金融机构推进林权抵押贷款业务，需要建立更加健全的林权抵押贷款制度，要求相关部门加大力度推出公益林补偿收益权质押贷款、林业经营收益权质押担保贷款等创新贷款业务，对“林权抵押+林权收储+森林保险”的新型运行模式进行总结和推广。为进一步破除阻碍林权抵押贷款发展的制度性因素，激发林权抵押贷款的巨大潜力，2017年，国家三部委联合印发《关于推进林权抵押贷款有关工作的通知》，提出要推广各地在实践中形成的可复制的良好经验，认真学习林权抵押贷款的先进典型，在学习福建省龙岩市、三明市创新的“福林贷”模式以及浙江省丽水市打造的“林权IC卡”模式的基础上，要创新林业金融服务水平，全面推广林权反担保抵押贷款、林权按揭贷款、林权流转合同凭证贷款以及林权流转交易贷款等林权抵押贷款模式，要将林权抵押贷款业务基本覆盖到全国适合发展该业务的地区。《通知》的颁布标志着林权抵押贷款正式进入全面推广阶段。2019年12月，新修订的《中华人民共和国森林法》明确规定，国家要引导和支持金融机构开展林权抵押贷款以及林业相关信用贷款等符合林业生产周期特点的信贷业务，进一步突出林权抵押贷款的重要作用，为林权抵押贷款的全面推广奠定了法律保障。

二、林权抵押贷款发展现状

林权抵押贷款经过15年的发展，现阶段各地区林权抵押贷款的供给主体、林权抵押贷款模式、评估模式、抵押范围、贷款期限、担保模式、贷款渠道等也都在不断变化与发展。

（一）贷款供给主体

最早的林权抵押贷款业务在福建省三明市农村信用社完成。农村信用社始终以“服务三农”为导向，是服务农村金融的主力军，对农村的相关信贷业务也较为熟悉，在农村信贷发展过程中积累了大量的经验，能够用最低的交易成本完成林权抵押贷款业务，所以在各地发展林权抵押贷款的发展过程中，农村信用社基本上都是主要的林权抵押贷款参与者。在林权制度相关配套措施的不断改革与发展中，林权抵押贷款供给也越来越受到重视，国家开发银行、农业发展银行等政策性银行逐渐加入林权抵押贷款供给主体中，对林权抵押贷款的进一步规范与发展具有巨大的推动作用。此后，林权抵押贷款供给金融机构逐渐扩展到以农村信用社、农村商业银行、中国农业银行股份有限公司、中国邮政储蓄银行等以农业导向有关的银行发展为主，这类银行是农村金融服务的最主要参与者，长期以来，其所承担的历史任务就是为支持农业生产、农村发展以及农民的资金融通做好服务工作，这些金融机构的参与大大提升了林权抵押贷款发展的活力。随着国家林权抵押贷款的推广与普及，其他商业银行、网络金融公司等也逐渐加入林权抵押贷款供给当中，如兴业银行福建省三明分行推出林权“支贷宝”、蚂蚁金服集团和中国建设银行江西分行以“互联网+金融”服务，在江西省分别推出“赣林贷”和“林农快贷”等产品，这些新型贷款产品与渠道的创新，提供了更多贷款主体参与贷款的可能，对林权抵押贷款业务具有积极推动作用。

（二）抵押模式

林权证抵押贷款模式是早期的林权抵押贷款模式，是林权抵押贷款试点后最主要的模式，借款人想要用林权抵押贷款时，需要请林业评估机构对抵押的林权价值进行现场勘验和评估，然后根据评估报告，向林权管理部门办理林权抵押登记，银行根据登记证明进行发放贷款。这种模式在操作过程只涉及金融机构和森林资产评估机构，中间环节少，手续简单，具有融资成本低和操作灵活的优势。但是，林权直接抵押贷款缺少具有资质的中介担保，容易因信息的不对称引发的信贷风险，缺乏风险分担机制，因此，林权抵押贷款门槛较高，对借款人的资信以及资产的要求较为严苛，致使该模式的发展很难得以推广。随着林权制度改革的不断深化，各地区对林权抵押贷款模式进行优化，相继衍生出联户联保林权抵押贷款、林权反担保抵押贷款（专业担保机构保证贷款）、林权小额循环贷款等模式。与林权证直接抵押贷款模式相比，新的林权抵押贷款模式增加了担保人或者担保机构的担保，在一定程度上降低了信息不对称引发的道德风险。

（三）评估模式

2008年以前，金融机构对林权抵押贷款贷前调查及林业评估等手续较为复杂，耗费了大量的精力与成本，林业评估难，一直是林权抵押贷款过程中遇到的重要难题。为解决林业评估问题，多地对林权评估模式进行了大量的探索。2008年，浙江省丽水市庆元县根据当地林业特点发展了“林权IC卡”业务，形成“统一评估、一户一卡、随用随贷”的新型林权抵押贷款模式（翁志鸿等，2009），是林业评估模式的巨大创新；2013年，云南省成立了森林资源资产评估协会，贷款评估出现了可参照当地林权交易市场价格自行评估、符合条件的，甚至可以免评估等模式，降低了林权抵押贷款成本。2014年，福建省永春县成为全国农村改革试验区，为创新林业金融支持服务体系，出现了林权免评估或者简易评估模式，即对于贷款金额在30万元以下的林权抵押贷款项目，银行业金融机构参照当地市场价格自行评估或者免评估来降低林农和林业经营者的融资成本。自此，全国各地林权抵押贷款评估模式在保证符合林业评估标准的前提下不断创新与精简，这些评估模式的创新，简化了林权抵押贷款程序，进一步增强了林权抵押贷款的灵活性。

（四）抵押范围

在林权抵押贷款试点阶段，金融机构偏向于选择成熟的用材林等经济价值稳定的森林资产作为抵押物，金融机构抵押物的偏好限制了非用材林地区林权抵押贷款的发展。为扩大林权抵押物范围，2011年，云南省南涧县率先在全国推出了用经济林作为抵押物的林权抵押贷款，形成了结合林权和农村土地承包经营权的“一证跨两权”抵押登记模式，让以生产核桃等经济林木为主的南涧县也破解了经济林木（果）因不属于林地上种植的资源而不能获取金融机构贷款的难题，顺利实现了山区资源向资本的转化。2014年，福建省永春县设立“花卉专项贷款”，建立了花卉贷款担保基金，用花卉苗圃提供担保的贷款模式，又一次创新了林权抵押贷款范围；2015年，浙江省龙泉市出台了《公益林补偿收益权质押贷款管理办法（试行）》，以林农未来10年公益林补偿金收益质押进行贷款，盘活了公益林的生态资产，有效破解了公益林不能抵押流转等难题。此后，各地区不断探索与创新林权抵押贷款，人工商品用材林的林木所有权和使用权及相应林地使用权，中幼林、用材林、油茶林、薪炭林、毛竹林等贷款新品种均可用于抵押贷款，突破了以往林权抵押贷款仅限近成熟商品林林分的限制。

（五）贷款期限

自林权抵押贷款业务开展以来，相关林业金融贷款的政策文件对林权抵押贷款期限做了调整与规范。《关于做好集体林权制度改革与林业发展金融服务工作的指导意见》中规定，林业贷款期限最长可为10年，但在实际执行过程中，金融机构为了降低贷款风险通常将林权抵押贷款期限控制在5年以内，甚至许多银行以发放1年期的林权抵押贷款为主。因此，随着林权抵押贷款业务的不断发展，林权抵押贷款期限与林业生产经营的周期性不匹配，在一定程度上制约了林农的林权抵押贷款需求。2014年，由福建省三明市政府主导，兴业银行、邮储银行、三明农商行与中间平台中闽林权收储公司合作，在全国率先推出15～30年期的林权按揭贷款业务，突破传统林权抵押贷款期限的限制，是真正将林权抵押贷款期限落实到实际业务的典范。与一般的林权抵押贷款相比，林权按揭贷款主要有利率低、期限长、金额大、用途广、还贷活等优点，解决了林权抵押贷款长期以来抵押贷款期限与林业生产经营活动周期的矛盾问题。

（六）担保模式

担保费率高、担保机构运作不规范、担保风险化解能力低一直是林权抵押贷款业务开展以来存在的问题，一旦出现借款人信用违约情况，银行就需要承担处理抵押品造成的损失风险。担保模式的缺陷一直难以满足林业经济发展的现实需要。为化解融资风险，福建三明地区在全国率先成立了林权收储担保机构，用一定的回报率将林权大户暂时闲置的林权收储，进行统一抵押贷款，为林权抵押贷款的担保模式提供了新的思路；浙江龙泉、浦江等县通过林权收储担保公司将林权竞价拍卖给有需求的公司进行经营融资；还有的地区如浙江庆元县以林权收储担保机构为中介，借款人以自有林权向林权收储担保机构进行抵押，担保机构为借款人向金融机构贷款提供反担保，当贷款出现违约时，由林权收储担保机构通过处置林权等方式进行偿还贷款本息，从而实现代违约者偿还债务的功能。同时，各地区还根据自身情况创新林权抵押贷款担保模式，浙江省缙云县以“集体林权抵押担保+农村新用户贷款模式”为农村新用户提供贷款，有力防范了小额分散林权做抵押品带来的风险；福建省三明市推出具有反担保功能的“福林贷”模式，由村委牵头设立林业担保基金为林农提供贷款担保，林农提供与贷款金额同等价值的林业或林业相关资产作为反担保。担保模式的创新极大降低了金融机构对小额林农放贷的风险，加大了金融机构放贷的积极性，进一步盘活了零星分散的林业资源，成为普惠制林业金融的模范。

（七）贷款渠道

办理林权抵押贷款，除了传统的银行线下办理外，贷款渠道逐渐增加了更为活跃的互联网线上办理渠道。2014年，兴业银行三明分行针对林权流转中受让方资金不足问题，结合传统林权抵押贷款以林地作为抵押物，利用互联网金融P2P模式，推出具有第三方支付功能的林权抵押贷款产品“林权支贷宝”，这是首款将林权抵押贷款运用到线上渠道的林权抵押贷款产品，突破了传统林权抵押贷款的办理模式，成为林权抵押贷款发展过程中的重要创新。2018年，遵义市赤水市结合当前先进的区块链模式，将林农的森林资产信息以及个人征信信息有机整合到服务器中，使金融机构营业网点通过系统就能够轻松得到林农的资源信息，为林农办理林权抵押登记和注销抵押等手续提供了方便。2019年，江西省林业局与蚂蚁金融服务集团共同打造建设林业金融服务平台，推出针对持有林权证农民的无抵押信用贷款产品“赣林贷”，林农可直接在林业金融服务平台实现贷款申请与授信；同年12月，江西省林业局和建设银行推出纯线上信用贷款产品“林农快贷”，该产品将纯线上、纯信用、低利率等特点相结合，并逐渐延伸到林业产业上下游供应链。这些互联网贷款渠道的创新与发展，满足了林农和企业的融资需求，解决了林农贷款难、手续烦琐等问题，有效地激活了林农手中的森林资源，带动了当地林农增收致富。

三、林权抵押贷款存在的问题

当前林权抵押贷款在政府的推动下取得了较大的进展，各地也在解决林权抵押贷款面临的现实困境过程中不断摸索适合林权抵押贷款发展的先进经验。但是林权抵押贷款距离完全由市场内生性发展的目标仍有很长的路要走，其在发展过程中仍然面临较为严峻的现实问题。

（一）基于林业经营主体视角

集体林改逐渐完成“确权发证”任务，农民拥有了对应山林的所有权、经营权、处置权、收益权，生产积极性极大提升，但是资金却成为限制其生产经营行为的瓶颈。为此，林权抵押贷款作为集体林改的重要配套措施被推出，以期解决林业生产中的资金问题。但是，林业经营主体在林权抵押贷款过程中也仍然面临着一些现实问题。

1. 贷款成本高

在林业借款者向商业银行申请贷款时，成本高低是其考虑的首要因素。在林权抵押贷款中，林业经营者需要面临贷款利息、评估费用、担保费用以及其他的隐形费用。

（1）贷款利息

对于林权抵押贷款的利率设定，一些地区政府与林业主管部门颁布的《林权抵押贷款管理办法》规定，利率不得超过信用贷款的利率，而信用贷款的利率上限为央行设定基准利率的1.3倍。但是现实发生的林权抵押贷款业务，利率一般为基准利率的1.5～1.8倍，远高于规定。因为《林权抵押贷款管理办法》并不存在行政强制力，而且在现阶段全国性的法律法规中，未有对林权抵押贷款利率设定的直接规定。商业银行作为市场行为主体，对于贷款价格的设定必然会根据风险因素、市场因素等进行，而林业借款者、林业生产经营和抵押物林权风险程度都较高，借贷市场处于供不应求的“卖方市场”状态，导致利率水平较高无法避免。

（2）评估费用

抵押物价值不仅关系到贷款额度，还关系到一旦借款人发生违约，商业银行能否收回贷款本息，所以商业银行对于抵押物价值非常关注。但是现阶段林权这种特殊抵押物的价值，只能通过评估得出，评估费用一般由林业借款者承担。虽然2013年中国银监会和国家林业局联合颁布的《关于林权抵押贷款的实施意见》有相关规定，贷款金额在30万元以下的项目，评估应该由商业银行来完成，借款人不需要支付评估费用；贷款金额在30万元以上的项目，评估也应尽量由商业银行完成，若不具备评估能力，则评估也应尽量减轻借款者负担。但在林权抵押贷款实际操作中，林业借款者依旧为林权评估支付了不菲成本。

（3）担保费用

由于林业借款者违约风险较高，成熟的林权交易市场还未建立，虽然有林权作为贷款的抵押物，但是商业银行依旧要求借款者提供第三方担保。林业借款者为了获得生产所需资金，不得不支付高额担保费用。发改委等部门对于担保公司的担保费率有相关规定，基准担保费率可以设定为银行贷款基准利率的50%，在此基础上，可以根据担保项目的风险状况选择费率上浮或下浮，区间为30%～50%。为银行贷款提供担保的属于融资性担保公司，政府鼓励的担保费率在2%～3%之间，但是因为融资性担保公司属于“高风险、低收益”企业，这样的担保费率是无法覆盖相关风险的。所以，如果贷款项目风险依旧，担保公司的引入，不过是把商业银行面临的风险和收取的风险补偿转移给了担保公司。很多地区为林权抵押贷款提供担保，费率为1%～3%，比根据风险因素设定的担保费率要低，但依旧极大提高了贷款成本。

（4）隐性成本

林业借款者付出的贷款成本除了前文介绍以外，还包含隐性成本。商业银行可能在贷款合同中要求借款者将一部分贷款资金保留于账户中，成为“不能使用”的资金。一方面，保留资金能够降低商业银行面临的风险；另一方面，能够加强商业银行与借款者之间的业务联系。在存在第三方担保的情况下，担保公司往往会要求被担保人将贷款资金的部分存放于特定账户作为保证金，以防止被担保人发生“道德风险”问题。实际可用资金小于贷款额，无形中增加了贷款成本，而且往往这样的隐性成本是较高的。一笔林权抵押贷款不一定包含以上所有成本，但是各项成本相加确实使得林业借款者面临较高的贷款成本，即便不考虑林业“弱质性”、盈利周期长等特点，这样的贷款成本也是较难接受的。

2. 贷款额度低

抵押贷款的额度是由抵押物价值和抵押率决定的。抵押率的设定一般跟贷款风险、借款者信誉、抵押物品种、贷款期限等因素相关，贷款风险越高，抵押率越低；借款者信誉越好，抵押率越高；抵押物处置风险越高，抵押率越低；贷款期限越长，抵押率越低。对于林权抵押贷款来说，因林业生产经营面临的自然风险、市场风险、政策风险众多，而且风险较难分散或消除，所以商业银行会选择较低抵押率；因为林业借款者信用记录一般较少，商业银行难以区别借款者优劣，所以只能考虑平均水平，由此制定较低的抵押率；抵押物林权面临自然风险可能性大，且成熟的交易市场尚不存在，抵押物保全和处置都存在较大风险，林权并不是非常“合格”的抵押物，所以抵押率较低；林业生产周期较长，林权抵押贷款应该设置与此对应的贷款期限，故而抵押率会降低。综合以上因素，林权抵押贷款的抵押率必然较低。各地会为商业银行设定抵押率提供指导，设置抵押率上限，但是在林权抵押贷款的现实操作中，抵押率往往较低，难以高于40%。因为林权价值是由评估得出，与现实林权交易价格存在较大差异，所以商业银行会认为林权价值被高估，进而通过降低抵押率来减少贷款额度。总之，虽然林权抵押贷款为林业借款者提供了新的融资工具，但是凭借自有林业资源能够获取的贷款额度较低，可能难以满足生产经营需要。

3. 贷款期限短

林权抵押贷款作为集体林改的配套措施，其目的是为林业生产经营提供必要资金支持，所以贷款期限理应与生产经营周期相匹配。但是商业银行作为市场经营主体，其经营行为必然从自身利益最大化出发，即按照“安全性、流动性、收益性”原则进行分析，寻找“三性”的平衡点。林权抵押贷款因其风险性较高、收益性较低，商业银行设定较短的贷款期限也无可厚非。《关于林权抵押贷款的实施意见》就贷款期限规定，商业银行应该根据林业生产周期以及借款者信用水平设定贷款期限，但是期限应该尽量满足林业生产经营的需要。所以，在商业银行确定贷款利率时，不仅要考虑林业生产周期，借款者的信用、经营状况也是考虑因素。故而已发放的林权抵押贷款一般期限为1～3年，3年以上的中长期贷款较少。贷款偿还期限与林业生产周期的不匹配，往往导致林业借款者还款困难。

4. 林权登记问题多

由于集体林权利益主体多元化，地区社会经济发展水平、林情差异大的特点，加上集体林改任务繁重、技术力量严重不足等原因，当前林权登记存在较多的问题。主要体现在以下几个方面：一是林权权利人的记载大多只登记户主，其他共有人没有登记，严重影响产权的连续登记；二是一宗林权宗地图包含了多宗林地或多个权利主体，因而图地不符，不能真实反映林权权利人的权利状况，更达不到不动产单元唯一的要求；三是权属界址描述不清，不能真实反映权利人的界址权属状况，无法达到界址清晰的要求，为林权纠纷的发生埋下了严重的隐患；四是部分权利人、界址、面积等登记信息错误，难以准确、真实反映权利人的林权状况；五是由于林权的特殊性，部分宗地信息往往处在动态变化中，因森林类别划分、林种、树种以及林地征占用等宗地信息常常发生变化，而原登记簿记载的信息仍然是原林改时期登记发证时的情况，林权权利人申请连续登记时宗地信息已发生了改变，完全依原林权登记簿登记就会难以真实反映宗地信息，甚至出现错误登记。六是按照不动产登记的相关要求，林权登记由林业部门转移到不动产登记机构后，原本由林业部门对林地林木承包经营、林权流转交易行为以及其他林业相关信息的登记，不动产登记机构的审核与登记也转移到不动产登记中心，由于林业的特殊性与复杂性，不动产登记中心的权籍勘验工作也仍然存在较多的问题，给林权登记工作带来较大的困难，从而影响到林业经营主体获取林权抵押贷款的可能。

（二）基于商业银行视角

将金融资本引入林业生产经营是林权抵押贷款模式推出的主要目的，在集体林改之前，林业投资主要由国家资金投入完成，财政负担重且收益较小，随着林权分归各户，林业生产经营积极性极大提升，但是生产所需资金却成为重大制约，所以林权抵押贷款作为集体林改的配套措施，其诞生即被赋予明显的政治目的。但是，在市场经济大环境下，作为参与主体的商业银行需要按照市场规律办事，行政指令对其只有引导却无强制作用。所以，商业银行在考虑是否发放林权抵押贷款时，首先考虑该项贷款是否能够获得应有收益，其次考虑抵押物的存在是否能够降低贷款风险程度，最后才会考虑政府及主管部门的行政目标。

1. 开展林权抵押贷款的机会成本大

对于贷款本身，除了考察借款者是否有能力偿还贷款，还需要考察贷款项目是否有比较优势。因为借贷市场处于供不应求状态，借款者众多，商业银行可以从中选取最优，所以进行林权抵押贷款存在机会成本，并不是其收益为正即可发放。对于借款者优劣的比较，一般基于两个维度——风险与收益。商业银行作为市场行为主体会追求相同收益下的较小风险或相同风险下的较大收益（商业银行的“三性原则”——安全性、流动性、效益性，实质上也是风险与收益的综合考虑），所以，林权抵押贷款需要具有较低的风险或者较高的收益。但是，现阶段银行与林业借款者之间存在严重信息不对称，即便不考虑林业生产经营领域所蕴含的风险，信息缺失对于银行来说也意味着风险，需要设计较高的利率才会使林权抵押贷款有比较优势。贷款定价方法一般包括成本加成定价、基准利率加点定价、RAROC（基于风险调整的资本收益率）定价等，皆是从市场角度出发设定利率，若林权抵押贷款也遵循这些定价原理与方法，则利率会远高于央行设定基准利率。而在多地颁发的《林权抵押贷款管理办法》中规定，利率应不高于信用贷款利率。显然，依照市场原则行事的银行与政府行政目标存在差异。若银行选择以与风险相匹配的利率发放林权抵押贷款，则能够接受的林业借款者较少；若选择遵循政府的行政引导，则收益性和安全性都难以保证，所以，银行在发放林权抵押贷款时都比较审慎。

2. 林权抵押物价值变现难

银行业金融机构合格抵押品需要具备的要素最重要的是产权关系明晰、资产价值稳定以及容易变现（张冬梅，2010），从这角度来看，林权并不是传统意义上的合格的抵押品。首先，在产权方面，由于历史遗留问题，之前发放的林权证登记的林权归属较为模糊（赵荣等，2019），部分林地使用权与林地上的林木所有权不对称，造成抵押标的物是产权并不完全清晰，一旦债权人需要对相关抵押物进行处置时，涉及到相关利益人对债权和担保物的变现就会进行阻挠；其次，在价值方面，林权抵押贷款价值较低，亩均贷款额度仅为1329.46元，普通农户能贷款到的资金较为有限，同时林业资产价值易受到自然灾害和病虫害的影响，其在抵押期间易受不确定因素的影响；最后，在变现方面，由于缺乏公平流畅的流转交易平台，对林权进行流转变现较为困难，若要采伐林木变现，林权抵押贷款相配套的林木采伐管理机制还不够完善，易受到政策风险的影响，无法自由处置，因此林权作为抵押品的风险仍然较大。

3. 开展林权抵押贷款风险高

按照市场原则，高风险就有高收益，但对提供林业信贷的金融机构而言，却是高风险低收益。金融机构为规避风险而从事短周期贷款，从而导致了贷款单位成本较高，林农还款能力风险较高。林权抵押贷款供给的低收益性主要体现为在贷款利率受到限制的条件下，贷款单位成本较高。这是因为金融机构的信息成本和合约成本较高。金融机构向单个农户进行贷款，贷款成本包括对贷款林农的筛选、贷款用途审查、贷款实施等成本，贷款成本很高。同时单个林农的贷款额度较低，但金融机构对每项贷款业务的程序和固定成本几乎是相同的，贷款额越低，单位收益的成本就越高。由于林权所代表的森林资源资产具有不同于一般资产的特殊性，林权抵押贷款不仅具有一般抵押物的贷款风险，还具有其特有的风险。因此不仅林业生产有高风险，提供林权抵押贷款同样有着高风险，信贷收益与风险不匹配。收益是市场收益，由市场竞争来决定，成本几乎为开展此类业务的固定成本，那么，可以变动的就剩下信贷风险了。因此当前的林权抵押贷款是在政府部门主导和政策推动下开展的业务，缺乏形成市场化的内生动力。近年来，随着银行不良债务率的不断升高，抵押物处置难等信息不对

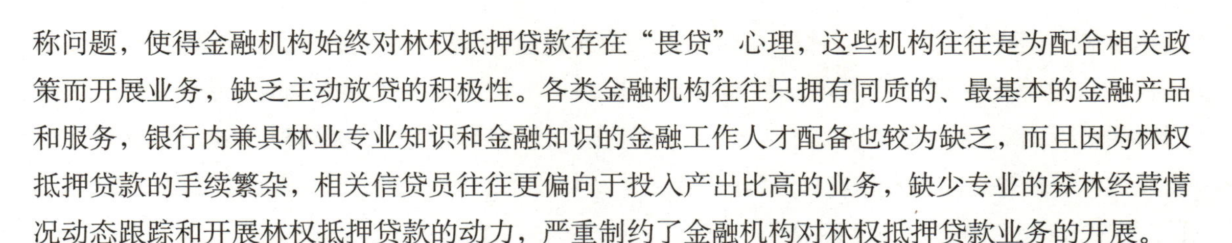

称问题，使得金融机构始终对林权抵押贷款存在“畏贷”心理，这些机构往往是为配合相关政策而开展业务，缺乏主动放贷的积极性。各类金融机构往往只拥有同质的、最基本的金融产品和服务，银行内兼具林业专业知识和金融知识的金融工作人才配备也较为缺乏，而且因为林权抵押贷款的手续繁杂，相关信贷员往往更偏向于投入产出比高的业务，缺少专业的森林经营情况动态跟踪和开展林权抵押贷款的动力，严重制约了金融机构对林权抵押贷款业务的开展。

4. 林权抵押贷款配套政策措施滞后

林权抵押贷款的可持续发展离不开相关配套政策措施的不断完善。但是目前林权抵押贷款的相关配套政策措施存在较大的脱节。一是林权评估市场不发达，当前具备资质的、得到林业与金融部门共同认可的资产评估机构与业务人员少，林权价值评估没有明确的统一标准，使得银行开展林权抵押贷款风险加大；二是林权服务业务发展不到位，当前影响林权价值实现的重要原因是缺乏林权交易机制，没有统一的森林资源流转平台和统一的森林资源流转管理，集体林权处置变现难度加大；三是担保机制不够完善。虽然大部分市、县以政府为主导成立的林权收储担保中心较大程度上解决了林业经营主体融资担保问题，一定程度上降低了银行的风险，但对于林权收储担保机构本身来说，同样存在抵押品处置难的问题。在出现逾期不还贷现象时，收储中心也面临难于管理或收储后无法出售变现的现实问题，林权收储担保机构所发挥的效应也受到较大的限制。

创新模式绩效评价

针对当前林权抵押贷款存在的问题，我国集体林权抵押贷款模式进行了大量的探索与创新，包括福建省三明市“福林贷”、福建省明溪县“益林贷”、浙江省丽水市“林权IC卡”、福建省龙岩市“普惠金融·惠林卡”、江西省吉安市“林农快贷”、福建省沙县林地承包经营权证抵押贷款、安徽省宣城市“五绿兴林·劝耕贷”、湖南省“惠农担–油茶贷”等8种典型林权抵押贷款模式。这些创新的林权抵押贷款模式究竟运行的如何，有哪些先进的经验与存在的不足，需要进一步分析与评价。

一、林权抵押贷款创新模式介绍

（一）福建省三明市“福林贷”

“福林贷”是由三明市政府主导推进的一款普惠制林业金融产品，主要解决普遍小额分散林权无法在银行抵押贷款的难题。通过选择重点林区村，按照“一户一册”原则，精准建立林农经济信息档案，在村两委推荐基础上，逐户对林农进行信用等级评定；创新设立村级林业担保基金，以村为单位，依托林业合作社等组织，设立村级林业担保基金，为本村林农提供贷款担保，林农以其自留山、责任山、林权股权等资产提供反担保；协助监管处置，依托村委会对反担保的林权进行监管，若出现不良，由村两委牵头对该林农的林权进行村内流转，同时，要求获得贷款的林农须购买人身意外保险。在信贷流程上，三明农商行开设“福林贷”绿色通道。专设林业金融事业部门，单设指标、单独考核，优化“福林贷”流程，最快1小时办结。与林业局合作，简化林权反担保登记手续，可通过向当地林业站备案方式，实现林权抵押效力。同时，林业部门为银行提供林业资源评估专业培训，实现银行对小额林权的自主评估。村民最高可获得20万元贷款，一次授信、年限3年。贷款月利率由之前的8.6‰降至5.9‰；截至2020年6月，全市“福林贷”授信1470个村、14785户、15.9亿元，实际发放贷款15.1亿元，惠及林农12986户。

（二）福建省明溪县“益林贷”

福建省自2016年3月以来全面停止天然林商业性采伐，严控生态公益林采伐利用。银行对天然林、生态公益林拒绝提供贷款业务，许多林农手握林权证，拥有明晰产权的森林资源，却无法转化成为资产。为解决林农融资难、贷款难的问题，明溪县林业局和县农村信用合作联社研究制定了《明溪县农村信用合作联社生态公益林及天然商品林补偿收益权质押贷款管理办法》，推出林业普惠金融产品“益林贷”，拓宽农村集体经济组织与农户融资渠道，支持农村金融改革与林业发展。合法持有《林权证》或《林地经营权证》和生态公益林或天然商品林资源的企业法人、村经济合作社或村股份经济合作社、农民专业合作社、家庭林场（农场）或其他经济组织、个体工商户或具有中华人民共和国国籍的具有完全民事行为能力的自然人，均可以申请“益林贷”。贷款额度原则上不超过年度生态公益林及天然商品林补偿金收入的30倍，最高不超过20万元。贷款期限最长可达3年，月利率3.9875‰，一万元一天只需1.3元利息。“益林贷”采用保证或信用的担保方式，并附加借款人持有的生态公益林或天然商品林补偿收益权提供质押担保，按月（季）付息、到期还本或分期还款。截至2019年5月，全县发放“益林贷”贷款497.75万元，受益林农118户。

（三）福建省龙岩市“普惠金融·惠林卡”

为完善林业投融资改革，健全林权抵押贷款制度，继续做好林权直接抵押贷款、村级担保合作社的“农贷农保”“普惠金融·惠林卡”等的全面推广工作，吸引更多的民间资本，成立村级林权担保合作组织。龙岩市林业局、省农村信用合作联社龙岩办事处等多方的联合推动下，龙岩市率先在全国推出了林农的信用卡“普惠金融·惠林卡”，为惠林卡业务推广提供制度保障，推动营销工作落到实处。同时推出了深化林业发展“三个百分百”计划，即对持有林权证且符合建档条件的林农实现100%建档，对符合贷款条件且已建档的林农实现100%授信，对有发展项目且有资金需求的林农实现100%用信。此外，加强与各部门的沟通联动，共同发力，构建“林业局—农信社—林农”三级联动机制，在林权服务中心设立金融服务窗口，实现一站式服务，让林农最多跑一次；获取最新林农资料，实施精准建档、精准营销；在惠林卡产品准入、利率定价、贷款贴息等方面达成共识，最大程度让利林农。同时明确收费标准，严格执行服务收费有关规定，坚决杜绝多收费、乱收费现象的产生，维护林农合法权益。该卡授信3年、循环使用，授信额度最高可达30万元。在利率方面，“普惠金融·惠林卡”授信5万元以下的月利率为6.3‰、授信5万元以上的月利率为7.5‰，林权直接抵押贷款的月利率为6.75‰，比一年期贷款基准利率3.625‰上浮幅度较大，由于林业生产周期长、投资大、见效慢，因此部分林农难以接受。为降低利率让利于民，从2019年11月14日起，“普惠金融·惠林卡”的用信利率从原来月利率7.5‰下调至5.25‰（年利率6.3%），惠林效果得到明显提高。截至2020年6月30日，全市共发放“惠林卡”23765张，授信金额达20.17亿元，用信金额达13.42亿元，为林农发展林业生产、助推乡村振兴提供了强有力的资金支持，实现了林农得实惠、银行得效益、政府得民心、林业得发展的多赢局面。

（四）福建省沙县林地承包经营权证抵押贷款

沙县林地承包经营权抵押贷款是沙县金融机构为担保林业借款者顺利履行债务，林业借款者需要用《林权证》规定的或者有权依法处分的林地使用权作抵押，经林业主管部门评估登记办理抵押后，向银行等金融机构申请贷款的信贷行为。当债务人不能履行到期债务时，债权人有权对林权进行流转拍卖变现。自沙县入选全国农村改革试验区以来，承担深化农村集体林改试验任务，不断着力完善林业投融资机制，实现林业资源与金融、社会资本联姻，推进林业资本化运作。林业经营主体通过与沙县森林资源收储管理有限公司、沙县农村商业银行签订《沙县森林资源抵押贷款收储协议》，用林地经营权证就能进行抵押贷款。这种森林资源抵押贷款利率与村级融资担保基金贷款利率相同，且还款期更长，林农的压力也更小，同时，沙县森林资源收储管理有限公司作担保人，不仅不向林农收取任何费用，也降低了银行开展林权抵押贷款的风险。该贷款模式贷款期限原则在1～3年、贷款利率按照中国人民银行规定的相同期限的贷款执行，幅度原则上控制在银行基准利率上浮50%以内执行，贷款额度原则上控制在森林资源资产评估事务所评估价值的70%以内，由贷款银行按设定抵押的林木资产林龄、林种和立地类型的不同，实行差别抵押额度。截至2018年年底，全县累计发放林权抵押贷款7.8亿元，贷款余额3.45亿元，其中林地经营权证抵押贷款3笔，授信额度34万元。

（五）浙江省丽水市“林权 IC 卡”

针对林业部门对森林资产评估存在专业技术人员少、评估标准不统一、同处山场多次跑、评估服务跟不上等问题，市林业局与财政局联合下发了《丽水市森林资源资产评估实施意见（试行）》，全面推广“统一评估，一户一卡，随用随贷”的“林权IC卡”。通过林权勘界，建立森林资产信息档案（林权IC卡），一次性解决了评估问题。针对金融机构对林权抵押贷款存在单笔金额少、管理费用高、资产难变现、风险难控制等顾虑，市林业局与市法院、人行、财政局和银监局联合出台《关于做好林权抵押不良贷款资产处置变现工作的意见》，对林权抵押不良贷款的认定、处置变现方法、相关部门职责、司法保障、建立林权抵押贷款风险补偿机制等方面作了明确规定，并要求各县（市、区）按上一年林权抵押贷款余额5%的比例提取风险补偿金。为金融机构防范、化解和处置林权抵押不良贷款资产提供了政策支持。对于林农抵押贷款的过程长、手续多、利率高等难题。丽水市委办、市府办联合下发了《关于全面推广“林权IC卡”，进一步深化金融支持集体林权制度改革的若干意见》。建立“林权IC卡”后，林农不必再承担评估费用；通过规定金融机构对林权抵押贷款实行优惠利率，对低收入农户小额贷款和2万元以下的林权抵押贷款执行基准利率。地方财政按利率优惠部分的50%给予贴息，对执行基准利率的小额林权抵押贷款，按基准利率的50%给予贴息，林农贷款费用大幅降低。截至2017年年底，丽水市全市已评定信用农户41.3万IC卡，信用更新率达99%以上。其中，共有35.53万户用IC卡累计获得386.32亿元贷款。

（六）江西省吉安市“林农快贷”

林业经营投资大、周期长、风险高，制约着林农林企发展林业的积极性，为破解林业发展的资金瓶颈，建设银行江西省分行联合江西省林业局推出的“林农快贷”产品，依托江西省林业金融服务平台，运用建设银行金融科技，以“裕农通”为触角，为符合条件的林农提供自助贷款服务，切实解决林农“融资难、融资慢、融资贵”的问题。吉安市先后出台《吉安市关于加快推进林权抵押贷款工作指导意见》《吉安市林农授信贷款指引》《林权抵押贷款管理办法》等指导性文件，推广“财政惠农信贷通”，创新推出“林农快贷”“网商林贷”林农无抵押贷款产品，只要有林权证书、信用状况良好，符合授信条件，林农即可通过手机银行APP申请贷款，最高额度50万元，随借随还，最长3年，符合林农短期的季节性资金需求。同时成立第三方服务机构，率先在全省组建吉安市绿庐陵农林投资有限公司、赣林担保公司遂川县代办点，为林农、林企的林权抵押贷款提供担保，实现银行放贷“零风险”，有效化解林农抵押贷款难、银行放贷顾虑多等难题，吸纳金融资本投入林业。截至2019年年底，全市落实林权抵押面积215.13万亩，贷款金额11.39亿元，有效地破解了林业经营主体融资难、融资贵的问题。

（七）安徽省宣城市“五绿兴林劝·耕贷”

为解决小微林业经营主体融资难、融资贵问题，安徽省宣城市7个县市区全部成立了林权收储中心，制定了林权收储担保评审审批规定，会同合作银行制定了林农贷款“最多跑一次”流程，与农商行、邮储银行、农行等多家银行开展合作便民服务。市级组建宣城市引导林权收储中心，按照“政府引导、市场化运作、风险共担”的原则，引入“政银担”合作模式，扩大风险资金池，与省农担公司合作。省农担公司按照未清偿贷款本息的80%承担代偿责任，再由区政府按债务人实际逾期未清偿贷款本息的30%给予省农担公司补偿。不良贷款由省农担公司、承办银行和区政府共同进行追缴，追缴的资金在抵扣追索等费用后先期弥补银行，余额按比例偿还区政府和省农担公司。银行贷款利率执行同期国家基准利率，最高上浮不超过同期基准利率的20%，资本金共计3300万元，按1：10放大，为银行提供担保和托底收储服务，贷款期限从原来的1年延长到3～5年；单个主体信贷担保额度在10万～200万之间，林业产业化龙头企业原则上不超过1000万。贷款期限原则上1～3年。对从事林果业等周期较长的生产经营贷款，期限可适度放宽到5～8年。建立省农担公司、区政府和承办银行风险共担机制。当贷款发生代偿时，承办银行无条件承担20%风险敞口；充分发挥收储中心评估、收储、担保、服务等功能，推进林权抵押贷款“增户扩面”，建立逾期抵押担保林权的处置办法，对贷款到期后因借款人确实无法清偿贷款的，林权收储机构可按照合同约定，通过竞价交易、协议转让、林木采伐或诉讼等途径进行处置。截至2019年年底，宣城市新增林权抵押贷款5.8亿元，林权抵押贷款余额16.8亿元，极大解决小微林业经营主体融资难、融资贵的问题。

（八）湖南省“惠农担－油茶贷”

为了扶持湖南省内特色优势农业产业快速健康发展，湖南农业信贷担保有限公司（湖南农担）和林业部门合作，探索推出林业信贷惠农担保贷款“惠农担—油茶贷”，贷款金额10万～1000万元，贷款期限最长不超过10年。“惠农担—油茶贷”，油茶种植经营主体向银行申请贷款时，同时向湖南农担提出担保申请，银行以湖南农担担保的方式向申请人发放贷款，当贷款人未按合同约定承担担保责任履行还贷义务，在宽限期结束后，由湖南农担按照约定承担担保责任，再向申请人追偿的金融产品。200万元以下的贷款可以免提供担保物；200万～500万元的贷款必须提供油茶林权抵押或可替代的林权及其他实物；500万元以上的贷款必须提供油茶林权抵押和相应的实物抵押，所有贷款免管理费、服务费、手续费、中介费、保证金等费用，贷款利息可享受贴息政策。产品合作银行利率上浮最高不超过同期基准利率的20%，省财政对10万～1000万元（含）的项目按同期基准利率的30%给予贴息。湖南农担按照每年2%收取担保费，省财政对300万元（含）以下的业务给予不超过1%（贫困县1.5%）的保费率补助，对300万～1000万元的业务，给予0.6%/年的担保费补贴。对于10万～1000万的油茶项目，财政贴息贴保费后，实际总融资成本在3.55%～5.81%/年之间。除了成本低，“惠农担—油茶贷”还具有门槛低的特点。“林、银、担”三方合作，免保证金、300万以下免实物抵押，极大降低融资门槛。此外，考虑到行业特性，产品还设置了还本宽限期。如1～3年新造油茶林贷款期限最长可达10年，还本宽限期最长可达5年，宽限期内仅按期还息，宽限期后可采取分期还本或到期一次性还本等多种方式，方便不同需求客户使用。对于融资慢的难题，“惠农担—油茶贷”方便快捷，保贷直通，自收齐贷款申请资料30日内即可对合格贷款人发放贷款。截至2017年年底，“惠农担—油茶贷”已为湖南省455户油茶产业经营主体提供6.5亿元贷款支持。

二、林权抵押贷款创新模式绩效评价

实践中，评价某一贷款产品的效果很难用单一的指标加以验证，一般来讲，评价某一类信贷产品的效果，需要从借贷双方的角度来衡量，即农户愿意申请这类产品，同时银行也愿意拓展这类产品。因此从林业经营主体林权抵押贷款的可获得性和金融机构风险可控性两个方面，对以上8种典型的林权抵押贷款模式进行评价，能够更加全面地了解当前林权抵押贷款运行的绩效。

贷款利息的高低、贷款期限的长短、贷款额度的大小、贷款手续的复杂程度、贷款的交易成本大小以及贷款的适用对象，都决定了林业经营主体能否顺利获得林权抵押贷款的可能，因此，林业经营主体贷款可得性需要从贷款利息、贷款期限、贷款额度、贷款手续以及交易成本进行衡量。而商业银行风险可控性，主要从银行开展林权抵押贷款的信息不对称程度以及银行可能承担的风险进行衡量。根据这些指标，收集到林权抵押贷款各模式的数据，对各项指标中的贷款利息、贷款额度、交易成本、信息不对称程度以及银行承担风险等采用“高、较高、一般、较低、低”来比较；贷款期限用“长、较长、一般、较短、短”来比较；贷款手续用“简单、较简单、一般、较复杂、复杂”来比较。最终比较结果如表5-1所示。

表 5-1 各林权抵押贷款模式比较

指标	三明“福林贷”	明溪“益林贷”	龙岩市“普惠金融·惠林卡”	沙县林地承包经营权抵押贷款	丽水市“林权IC卡”	吉安市“林农快贷”	宣城市“五绿兴林·劝耕贷”	湖南省“惠农担—油茶贷”
创新内容	担保模式	抵押范围	贷款手续	抵押范围	评估模式	贷款渠道	担保模式	担保模式
贷款利息	高	低	高	高	低	较低	较高	较高
贷款期限	短	短	短	短	短	短	较长	长
贷款额度	较高	低	较高	低	低	较高	高	高
贷款手续	较复杂	简单	简单	较复杂	简单	简单	复杂	复杂
交易成本	较高	低	低	较高	低	低	高	高
信息不对称程度	较低	一般	较高	较低	高	较高	低	低

（续）

指标	三明“福林贷”	明溪“益林贷”	龙岩市“普惠金融·惠林卡”	沙县林地承包经营权抵押贷款	丽水市“林权IC卡”	吉安市“林农快贷”	宣城市“五绿兴林·劝耕贷”	湖南省“惠农担–油茶贷”
银行承担风险	较低	一般	较高	较低	高	较高	低	低
适用范围	加入合作社的成员	拥有生态公益林	拥有林权证	拥有林地经营权证	贷款额度较低的对象	拥有林权证	林业企业或者林业大户	林业企业或者林业大户

（一）从林业经营主体贷款可得性角度

从贷款利息来看，明溪“益林贷”、丽水市“林权IC卡”抵押贷款的利息最低，分别为年利率4.785%和4.7%，吉安市“林农快贷”、沙县林地承包经营权证抵押贷款的利息为5.25%，也处于较低水平；宣城市“五绿兴林·劝耕贷”、湖南省“惠农担–油茶贷”的利息较高，分别为年利率5.7%和5.81%；沙县林地承包经营权证抵押贷款、三明“福林贷”、龙岩“惠林卡”的利息最高，分别为7.2%、7.08%和6.3%。

从贷款期限来看，各模式的贷款期限都较短，多集中在3年以内，只有宣城市“五绿兴林·劝耕贷”的最长贷款期限为8年、湖南省“惠农担–油茶贷”的最长贷款期限达10年，相对而言，有专业担保公司担保的林地承包经营权证抵押贷款模式，能够提供的最长贷款期限会相对较长。

从贷款额度来看，明溪“益林贷”、丽水市“林权IC卡”抵押贷款、沙县林地承包经营权证抵押贷款的额度都较低，最高抵押额度均在20万元以下；三明“福林贷”、龙岩“惠林卡”、吉安“林农快贷”的最高抵押额度较高，最高抵押额度分别为30万元、30万元、50万元；宣城市“五绿兴林·劝耕贷”、湖南省“惠农担–油茶贷”的抵押贷款额度最高，最高达到1000万元。

从贷款手续和交易成本来看，明溪“益林贷”、丽水市“林权IC卡”抵押贷款、龙岩“惠林卡”以及吉安市“林农快贷”的贷款手续都较为简单，交易成本相对也较低；三明“福林贷”、沙县林地承包经营权证抵押贷款、宣城市“五绿兴林·劝耕贷”以及湖南省“惠农担–油茶贷”的贷款手续，由于引入担保机构，贷款手续和交易成本都相对较高。

从适用范围来看，龙岩“惠林卡”以及吉安市“林农快贷”的适用范围，相比其他模式的贷款适用范围最广，只要拥有林权证且符合银行授信的均能获取林权抵押贷款；三明“福林贷”的适用对象也较广，只要林业经营主体加入合作社，为合作社提供反担保，林业经营主体就能利用林权作进行抵押贷款；明溪“益林贷”的适用对象是拥有生态公益林的林业经营主体；沙县林地承包经营权证抵押贷款只适用于拥有林地经营权证的林业经营主体；丽水市“林权IC卡”抵押贷款只适用于贷款额度较低的林业经营主体；宣城市“五绿兴林·劝耕贷”以及湖南省“惠农担–油茶贷”更加适合林业企业或者林业大户。

整体而言，明溪“益林贷”、丽水市“林权IC卡”抵押贷款以及吉安市“林农快贷”这三种模式手续简单，中间环节少，贷款利息也较低，根据林业经营主体的个人的信用情况及手上的林业资源就能获取贷款，这在很大程度上为林业经营主体获取林权抵押贷款提供了方便。但是这种模式下，商业银行往往采用降低贷款抵押率等措施来降低贷款风险，造成这种模式贷款额度不高，贷款期限较短，对于资金需求量大，使用周期长的林业大户来说，该模式并不是最佳解决方案。三明“福林贷”利息仍然较高，手续也较为复杂，交易成本也较高，通过成立合作社为其提供反担保能够在一定程度上增加贷款额度，但是与其他创新的林权抵押贷款模式相比，“福林贷”的贷款可得性仍然较低。宣城市“五绿兴林·劝耕贷”、湖南省“惠农担–油茶贷”两种模式由于增加了担保环节，银行开展贷款的风险较低，能提供较高的贷款额度和较长的贷款期限，但是林业经营主体办理林权抵押贷款的手续也相应更加复杂，同时担保机构大多以盈利为目的，办理过程会增加借款人的交易成本，所以贷款额度较低的普通林农仍然比较难以接受，这种模式多集中在解决林业大户及林业企业上。

（二）从银行风险可控角度

从银行风险可控的角度来看，明溪“益林贷”、丽水市“林权IC卡”抵押贷款以及吉安市“林农快贷”这三种模式，由于林业经营主体和金融机构之间不存在第三方中间机构，缺少具有资质的有效担保，加上金融机构在考虑到对林户信息掌握的不完整性以及林户按期还款的意识和能力的不确定性，会大大增加银行开展林权抵押贷款的风险，从而降低商业银行开展此类模式的林权抵押贷款的积极性。

三明市“福林贷”通过成立合作社，合作社成员的相互担保和相互监督可有效避免人为盗砍盗伐现象，在遭遇自然灾害等不可控因素时，合作社成员也会相互支持帮助还贷，使损失不容易波及金融机构，大大减轻了金融机构对林木资产监管的工作量和监管成本。同时，当贷款出现农户违约时，农户的林木资产不由金融机构直接处置，而是由村里合作社按农户与合作社所签合约进行林业资产的收储或流转，巧妙地避开了金融机构对贷款后林木资产处理难的问题。因此，“福林贷”模式在银行风险控制方面有了极大的改善。

沙县林地承包经营权证抵押贷款由沙县森林资源收储管理有限公司提供担保，借款人以自有林权向林权收储担保公司进行抵押，担保公司为借款人向金融机构贷款提供反担保，当贷款出现违约时，由林权收储担保机构通过处置林权等方式进行偿还贷款本息，从而实现代违约者偿还债务，这种模式极大降低了银行的信息不对称程度以及银行开展林权抵押贷款的风险。

以宣城市“五绿兴林·劝耕贷”、湖南省“惠农担–油茶贷”为代表的专业担保机构抵押贷款模式，能够在很大程度上降低银行的信息不对称程度，有效化解银行的贷款风险，降低了金融机构信息收集成本、监管成本、收贷成本。因此，银行能够提供给林业经营主体额度较高，期限较长的林权抵押贷款产品，只要林业经营主体能够接受相对高昂的交易成本，商业银行有较高的积极性开展此类模式的林权抵押贷款。

三、林权抵押贷款创新模式体系构建

由于借贷市场始终处于供不应求状态，属于典型“卖方市场”，商业银行处于绝对主导地位。在林权抵押贷款中，商业银行先决定是否发放贷款，林业借款者才能决定是否选择林权抵押贷款；商业银行再决定贷款利率，林业借款者才能选择是否接受该种利率。之后，才是林业借款者考虑的贷款金额、周期、用途等细节问题，只要商业银行选择发放贷款，对于林业经营主体来说，就有了获取贷款的可能性。所以，要想增加林业经营主体贷款的可获得性，首先要控制银行开展林权抵押贷款的风险，来增加商业银行开展林权抵押贷款的积极性。不同林权抵押贷款模式在控制银行风险的模式也不尽相同，需要结合各种模式控制银行风险的先进经验的同时，进一步降低林权抵押贷款的利率以及交易成本，同时再发展出与林业生产模式相适应的林权抵押贷款产品，才能逐渐创新出适合全国推广的林权抵押贷款模式。

根据前文对当前我国林权抵押贷款模式的评价，可以看出，各种模式均存在一定的优势与弊端，在开展过程中均因受到一定的约束而使得该模式难以广泛推广。要创建能够在全国推广的林权抵押贷款模式，需要结合不同地区的林权抵押贷款创新试点的可复制模式与可借鉴的经验，根据不同约束条件制定不同的林权抵押贷款模式，进一步增加林权抵押贷款借贷双方的积极性，形成一套完整的林权抵押贷款模式体系标准。

（一）根据不同贷款额度

当前林权抵押贷款模式存在的一个重大问题，就是林业经营主体获取林权抵押贷款的交易成本高，无论抵押多大规模的林业面积和多高额度的贷款，商业银行对每项贷款业务的程序和固定成本几乎是相同的，商业银行向单个农户进行贷款，贷款程序与林业企业贷款程序一样，需要经过客户信息的筛选、贷款评估、贷款用途审查、贷款实施等成本。同时，由于单个林农的贷款额度较低，单个林农所需要承担的交易成本就越高，商业银行单位收益的成本也越高，所以造成了商业银行不愿意提供林权抵押贷款，林农因交易成本太高而不愿意进行林权抵押贷款的现象。因此，商业银行可以根据高风险、高利率的原则，针对不同额度的林权抵押贷款按照不同的程序办理。例如，以30万元为界限，30万元以下的林权抵押贷款的林业经营主体贷款，由于额度较低，银行承担的风险较小，可以采取免担保、免评估的信用贷款模式，只要根据林业经营主体的个人信用情况及手上的林业资源就能获取贷款，这样商业银行在承担有限风险的前提下，能够最大程度降低林业经营主体获取林权抵押贷款的交易成本。同时，针对30万元以上的林权抵押贷款，往往这类林业经营主体属于林业大户或者林业企业，对林业生产的投入较多，对资金的需求也更为紧迫。因此，对于这类高额度的贷款需求，商业银行要严格按照林权抵押贷款手续进行审核与监管，同时根据需要引进担保机构来分担风险，从而增加商业银行开展林权抵押贷款的积极性。而对于贷款额度较高的林业经营主体，由于贷款额度较高，单位额度所需承担的交易成本较低，其获取林权抵押贷款的可能就越大。

（二）根据信息不对称程度

对于金融机构而言，分散的林农信息加大了其审核及管理的成本，同时农户贷款信用的差异也加大了金融机构的信贷风险。因此，商业银行应该根据信息不对称程度，设置不同的林权抵押贷款标准。各地区对农户的信用评估工作基础不同，适用的林权抵押贷款模式也不同。可以借鉴浙江省丽水“林权IC卡”模式对农户的信用基础评估工作进行完善，政府部门通过林权勘界，建立森林资产信息档案，将林权信息录入电脑实现森林资源联网动态管理，一次性解决了评估问题，林农不必再承担评估费用，商业银行根据农户个人信用及其手上的林业资源直接开展林权抵押贷款，而且由于银行风险较低，可以对林权抵押贷款实行优惠利率，这种模式操作简单，融资成本较低；灵活性较强，借贷双方都能有较高的积极性进行林权抵押贷款。针对信用基础建设工作不够完善的地区，可以借鉴三明“福林贷”模式，构建一个“利益共享、风险公担”的专业合作社，合作社成员形成一个信用共同体按一定比例缴纳担保基金，金融机构对联保小组成员提供免评估、免担保的林权抵押贷款，然后由林业部门承担抵押登记和森林资源监管的工作，该模式手续简便，大大降低了金融机构获取农户贷款信息的成本，有效规避了由于信息不对称和不完全而造成的道德风险的同时，将分散农户的林权抵押贷款集合起来，由统一的组织机构受理整个贷款过程中的工作，也在很大程度上降低了单户林权抵押贷款的交易成本。针对信用基础建设工作不够完善，商业银行与林业经营主体信息不对称程度较高，合作社成员农户联保模式无法弥补商业银行开展林权抵押贷款的风险时，可以借鉴宣城市“五绿兴林·劝耕贷”、湖南省“惠农担–油茶贷”的模式，引入专门的担保机构来降低商业银行对分散农户资格审核的成本，从而消除对林权抵押贷款风险的顾虑。这种贷款模式由担保公司为林农提供贷款担保，担保公司按金融机构发放贷款额的一定比例向农户收取担保费，可以减少农户与金融机构打交道过程中的交易成本。同时林业经营主体可贷金额较高，林业经营主体单位额度所承担的交易成本也较低，林业经营主体也愿意承担一定的交易成本来获取林权抵押贷款。

（三）根据不同林种特征

不同的林种、不同的林龄作为抵押品，在不同地区的抵押价值也不同，对商业银行开展林权抵押贷款具有不同的风险，商业银行应根据不同的林种特征，制定不同的林权抵押贷款模式。例如，福建省武夷山的茶叶比较有名，武夷山的茶山价格也比较高，同时武夷山对环境保护的要求比较高，因此采伐用材林的采伐证比较少，能够采伐变现的用材林也就比较少，导致武夷山用材林抵押少而茶山抵押多。而建瓯市恰恰相反，在建瓯市茶山经济价值较低，而用材林蓄积量较高，且建瓯市申请采伐指标相对较多，用材林变现相对容易，所以建瓯市主要的林权抵押品以用材林为主，其他林种很难获取林权抵押贷款。可以看出，不同林种都具有一定的资产价值，各地区选择林种主要是因其变现能力在不同地区的差异而不同，并非林种缺乏林权抵押贷款价值。为充分发挥森林资产的抵押价值，商业银行可以根据变现的难易程度制定不同的林权抵押贷款模式，对用材林、经济林、生态公益林、茶林以及处在不同的林龄阶段的各林种制定不同的贷款利率、贷款期限、贷款额度及担保模式等标准。针对变现较为容易的林种，商业银行在其风险控制能力范围，可以制定较低的利率来降低林业经营主体的交易成本，从而增加双方开展林权抵押贷款的积极性；对于变现难度较高的抵押品，可以制定较高的利率、较低的额度以及增加担保模式等，来降低商业银行开展林权抵押贷款的风险，而对于拥有变现难度较高的林业经营者而言，只要银行愿意放贷，林业经营主体只要能够接受较高的贷款成本，也就增加了获取林权抵押贷款的可能。

（四）根据不同资金用途

从物权及担保法理上看，林权作为一种抵押物权，发挥的是一般担保媒介功能，将林权抵押贷款用途仅限定于抵押物或者林业上，两者并没有法律或经济上的逻辑联系。林权抵押贷款完全可以用于农业、加工业等非林业领域，甚至用于消费。正如一般企业用房产等抵押申请贷款，没有必然限定该笔贷款用于要该企业的房产建设上一样，它可以用于补充企业流动资金，也可用于企业的对外投资等方面，其用途、期限与其用房产作抵押没有逻辑上的联系。因此，不应根据林业的特殊性而为此限定林权抵押贷款的用途，而应充分发挥林权抵押贷款的市场机制，让商业银行以及林业经营主体自由选择与接收林权抵押贷款的资金用途、利率、期限等。银行根据市场风险情况、资金机会成本以及预期收益来决定开展林权抵押贷款的利率，这样借贷双方都有充分的空间选择是否开展林权抵押贷款。政府如果想要通过林权抵押贷款来促进林业生产，可以通过政策引导资金往林业生产方面使用，而不应该强制限定林权抵押贷款的林业用途。

例如，政府通过利率补贴的形式对资金用途是林业生产的林权抵押贷款进行引导，同时对用于林业生产的林权抵押贷款，额外对商业银行延长贷款期限、提高贷款额度等规定，给商业银行造成的风险损失由政府来承担，这样林业经营主体可以自由选择资金是否用于林业生产，商业银行也不会因为政府的干预承担额外的风险，从而大大增加借贷双方接受林权抵押贷款的可能性。

以上根据不同情形制定的林权抵押贷款模式，是一套根据不同地区的不同特征及在不同约束条件下形成的林权抵押贷款模式体系，旨在促进借贷双方开展林权抵押贷款的积极性，各地区在实践中要结合地区开展林权抵押贷款的内外部环境，根据不同客户的信用标准、客户的贷款额度、客户的林业资产特征、客户的资金用途等综合分析，以便从中选择最为适合当地林业经营主体及商业银行开展的林权抵押贷款模式体系标准。

对策建议

根据前文提出的，我国林权抵押贷款模式标准体系还不能完全依靠市场机制来实现，这就要求政府要进一步扮演好交易撮合以及风险补偿的角色，对林权抵押贷款进行系统化的政策支持和引导。政府部门要更加重视林业的发展问题，对林业生产以及解决林业生产资金问题予以支持，更要尽可能避免因林业政策问题导致商业银行和林业经营主体开展林权抵押贷款的积极性。要进一步推进林权抵押贷款，就要完善林权抵押贷款模式体系标准，进一步刺激林业经营主体对林权抵押贷款的需求，也要进一步加大金融机构对林权抵押贷款的供给。具体而言，可以从以下几方面进行综合考虑。

一、完善林权类不动产登记政策

林权登记不畅的问题，一直是影响林业经营主体实现林权价值的一大难题。由于各县（市）具有测绘资质和林业调查资质的中介机构少，市场竞争不充分，林权类不动产权籍勘验调查收费偏高，从而造成林权登记困难。建议不动产登记主管部门实行权籍勘验调查双轨服务，可以采取政府购买服务和委托中介机构收费服务双轨并行。其中，对于首次申请登记林权类不动产的权籍勘验调查，实行政府购买服务；对于农村集体经济组织成员及家庭林场、股份林场、林业专业合作社等新型林业经营组织申请登记林权类不动产的权籍勘验调查，实行政府购买服务；对于农村集体经济组织成员以外及企业申请登记林权类不动产的权籍勘验调查，委托中介机构实行收费服务，也可自行组织权籍勘验调查。同时，要进一步完善全国不动产登记系统，在核发林权类不动产权证书时，对林地经营权人核发“权利类型”栏目为“林地经营权、森林、林木所有权”的不动产权证书，全面落实“三权分置”，依法保护林业经营主体承包权、放活林地经营权。

二、完善中央财政贴息政策

当前林权抵押贷款的高利率阻碍了一大部分真正需要林权抵押贷款的林业经营主体的需求，要使林权抵押贷款真正惠及林业经营主体，政府要进一步加大对林业政策的扶持，加大对林权抵押贷款财政贴息力度，着力降低林权抵押贷款的实际利率，切实减轻贷款造林的利息负担。因此，一方面，政府要加大宣传力度，通过广播、板报等多种渠道，使林权抵押贷款贴息政策家喻户晓，让更多农户从中受益。另一方面，政府要积极发挥财政性资金对金融资源的杠杆拉动作用，认真落实贷款贴息政策，制定相应的林权抵押贷款贴息管理办法，包括对贴息率、贴息期限、贴息范围等方面的完善，来确保林权抵押贷款贴息政策与林业生产特征相符合，从而充分满足各类经营主体对林权抵押贷款的需求，彻底解决当前由于财政预算规模不足导致部分林业贷款得不到贴息补助的情况。

三、完善对商业银行的激励政策

首先，政府部门应当充分认识到银行开展林权抵押贷款的风险与困难，因此，政府部门要营造良好的融资环境，加大对金融机构的支持力度，建立多元化林权抵押贷款担保体系，建立信贷风险补偿基金，并落实林权抵押贷款风险担保基金机制，实行林业与金融部门共同管理，通过合理确定用于补偿商业银行和农信社林业贷款的风险损失率，降低金融机构的信贷风险。

其次，要制定金融机构开展林权抵押贷款奖励政策，各银监局应结合非现场监管和现场检查情况，评估银行业金融机构林权抵押贷款工作成效，对各银行林业贷款业务执行差别化存款准备金率政策，加强优惠政策的正向激励和引导功能。对表现突出的机构适时予以通报表彰，在金融机构合规的前提下，适当放松对林权抵押贷款业务的利率管制，对林权抵押贷款业务有创新的金融机构，多予以指导与鼓励，促进金融机构对林权抵押贷款业务的开拓与发展。

最后，要对商业银行建立反向约束机制，进一步加强金融工作考核，提高金融工作在县（市、区）科学发展综合考评的权重，加强对金融机构林业贷款的专项统计与分析，做好对各项林业信贷政策的监测和评估工作。针对享受政府资金及政策支持的金融机构，要特别建立林权抵押贷款的考核台账，对林业贷款余额、资金运转、效益评价等实行单独考核，避免因风险而制约发放林业贷款的积极性。

四、完善林权抵押贷款相关配套政策

要继续完善林权抵押贷款模式体系标准，要健全和完善林权抵押贷款相关配套政策。

首先，要加快对林权评估的专业机构和人才的培育，确立适合林权价值评估的统一指标体系，制定林权评估规范，合理确定评估价格。将林权抵押模式向依靠专业评估体系倾斜，通过森林资源资产评估机构等专业评估的林权抵押贷款产品的进入，减少金融机构的工作量和贷款风险，提高林权抵押贷款信息共享的质量，逐步形成多方参与的风险分担制度，从而因地制宜的创新林权抵押贷款模式，提高多样化模式的适应性和可持续性。

其次，加快林业要素市场建设，打造和完善林业交易专业市场，建立林业交易中心和林业交易所的交易网络，为广大林农搭建起信息流畅的林业金融服务中心、林权交易中心、林业商品交易中心等平台，实现林地林木的依法流转、规范流转，逐步形成省市、区县、乡镇、村组一体化的服务网络，实现林业资产和资本的有序流动，确保抵押林权及时流通变现，为广大林农、林业大户以及林业企业等林业经营主体提供法律政策、林权流转、林产品价格等一揽子、全方位、全过程服务。

最后，为减少森林资源限额采伐制度对林权抵押物处置的影响，政府应当进一步完善林木资源抵押制度，改革林木采伐管理制度，通过简化手续、减少环节、下放权限等多种措施，为抵押主体提供便捷的采伐服务，进一步落实林农对林木的处置权，尽可能确保银行抵押权的顺利实现。

2020

集体林权制度改革监测报告

集体

林改背景下地方政策对林业融资发展的影响

引　言

为解决集体林地长期以来产权不明晰、经营主体不落实、经营机制不灵活、利益分配不合理等制约林业发展的问题，改革开放以来，中国政府进行了多轮集体林改。资本作为林业发展最重要的要素投入之一，在林业经济增长过程中发挥了重要作用。政府高度重视农村林业投融资改革，出台了系列政策文件。2008年，中共中央、国务院在《关于全面推进集体林权制度改革的意见》中规定：要推进林业投融资改革，创新林业金融信贷产品；2016年，中共中央、国务院颁布了《关于深化投融资体制改革的意见》，确立了我国第一份投融资领域的改革意见，《意见》指出，一方面要创新融资机制、畅通投资项目融资渠道；另一方面要切实转变政府职能，完善政府投资体制，发挥好政府投资的引导和带动作用。2018年，中共中央、国务院颁布《关于实施乡村振兴战略的意见》，其中明确指出要“开拓投融资渠道，强化乡村振兴投入保障”，同时“健全投入保障制度，创新投融资机制，加快形成财政优先保障、金融重点倾斜、社会积极参与的多元投入格局”，为农业农村发展奠定了金融支持的基础。上述政策说明，随着国家对于林业发展的日益重视和投入增加，长期以来困扰林业发展瓶颈的资金问题正在逐步加以解决。然而，农村林业投入资金不足、农户融资难和融资成本高等突出的现实问题仍然存在。各地都在中央政策的基础上，陆续出台了适合本地林业发展的一些投融资的政策措施，例如，福建省为解决生态保护与林农利益间的矛盾，提出了商品林赎买政策，浙江省为提高林业科技成果的转化率和贡献率，倾注了大量资源制定林业科技政策。

本文将在分析全国林业融资困境及产生原因的基础上，为探究不同地区政策促进林业融资的异质性，选取福建省沙县区、浙江省遂昌县、四川省蓬安县及辽宁省本溪县4个集体林区的典型县区进行多案例分析，分别探究地方政策对东南、西南和东北集体林区促进当地林业融资发展的具体实现途径。需要指出的是，本文所指的地方政策不仅包括政策文件，也包括一些地方林业局的创新举措及具体行动。本文可能的贡献是：第一，基于集体林改的背景，探究地方政策对林业融资的作用机制，从地方实际情况入手，考虑林业融资政策的设计；第二，利用多案例分析法进行研究，便于不同区域案例间的对比，从而得出更具一般性的结论，进而提出有针对性的政策建议。

集体林区林业投融资政策及现状

为探究政策对我国林业投融资的影响，一是要宏观地、历史地看待政策的发展变动，二是考虑到林业的发展需要较多政府资金支持，因此，本部分将从林业投资与融资两个方面对新一轮集体林权改革后我国集体林区林业投融资政策及现状进行梳理。

一、中央林业投融资政策

2008年，中共中央、国务院在《关于全面推进集体林权制度改革的意见》中明确了集体林改的主要任务。为推进集体林区林业金融的改革，中央的政策有两方面顶层设计，一是建立支持集体林业发展的公共财政制度：一方面加大对林业基础设施的投入，另一方面加大对林业金融的补贴力度，并对林业生态、林业农业、珍贵木材的培育提供扶持；二是推进林业投融资改革，拓宽林业融资渠道，加快建立政策性森林保险制度，以提高农户抵御自然灾害的能力。

中央出台的林业融资政策主要有以下三大类：第一类是林业贴息贷款政策。自1986年《关于发放林业项目贷款的联合通知》开创了我国林业贴息贷款政策的先河后，经过近20年的摸索实践，逐步放开贷款主体和客体限制，将农户、林场等多种经营贷款项目纳入贴息范围，显著带动了林业及配套产业的发展。第二类是林权抵押贷款。自2003年，《关于加快林业发展的决定》首次以政策的方式规定林业经营者可以以林木为抵押申请银行贷款后，经过十余年的发展，直到2016年中共中央、国务院在《关于深化投融资体制改革的意见》提出，要探索开展林业经营收益权和公益林补偿收益权的质押担保业务，逐步扩大了林权抵押范围。第三类是多元化金融服务，2017年《关于推进林权抵押贷款有关工作的通知》，将福建省"福林贷"模式、浙江省小额贷款管理模式、林权收储等典型案例写入文件；2014—2018年相关部门相继颁布多项发展指导意见，鼓励开展符合林业发展的多元化金融服务；2019年《关于促进林业和草原人工智能发展的指导意见》，首次将人工智能引入林业发展，并探索建立生态产业和生态管理人工智能应用体系。

二、林业投融资现状

总体来看，我国集体林区的林业资金处于供不应求的态势，目前金融机构对林业资金的提供远不足以支持其运营及扩张需求，且长期资金供给不足，即不论是总量上或是期限结构上都不匹配。

根据国家林业和草原局的统计，2018年林业投资完成额情况如表6-1所示。

表 6-1　2018 年按资金来源分林业投资完成额情况　　亿元

指标		金额	所占比重
全部林业投资额		4817	—
其中	中央财政资金	1144	23.75%
	地方财政资金	1288	26.74%
	社会资金	2385	49.51%

数据来源：《2018 全国林业和草原发展统计公报》。

《中国林业统计年鉴》对1978—2018年林业投资额的统计如图6-1所示，近四十年以来，林业投资数额不断增加，其中在进入21世纪以来变化最大，尤其自2008年实行林改政策后，林业的投资额有了显著增长；2019年林业投资共4525.59亿元，其中资金主要来源于中央财政、地方财政、国内贷款、利用外资、自筹资金和其他社会资金，各资金来源占比如图6-2所示，其中国家投资（包括中央财政、地方财政）对林业的投资占比为58.61%；2019年林业投资分地区情况如图6-3所示，其中华北地区包括北京、天津、河北、山西及内蒙古，东北地区包括辽宁、吉林与黑龙江，华东地区包括上海、江苏、浙江、安徽、福建、江西、山东，中南地区包括河南、湖北、湖南、广东、广西、海南，西南地区包括重庆、四川、贵州、云南、西藏，西北地区包括陕西、甘肃、青海、宁夏、新疆。

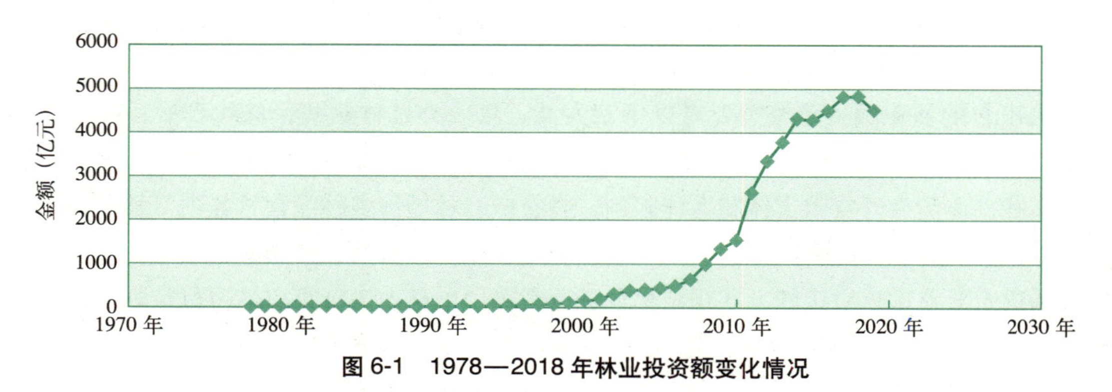

图 6-1 1978—2018 年林业投资额变化情况

数据来源：《中国林业和草原统计年鉴（2019）》。

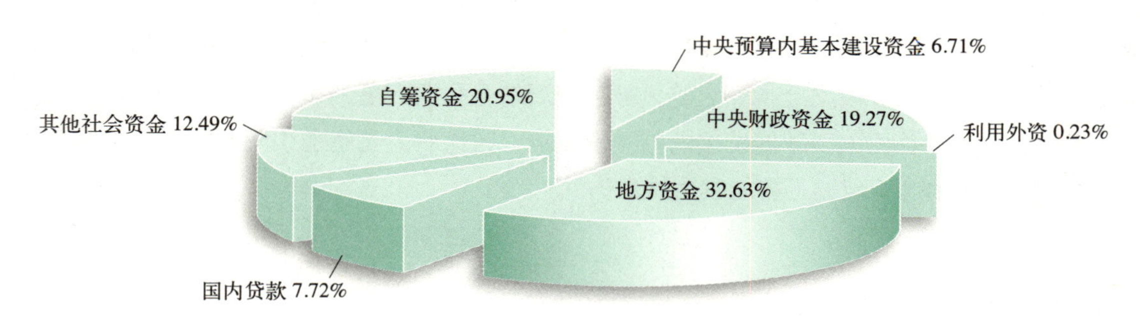

图 6-2 2019 年林业投资资金来源

数据来源：《中国林业和草原统计年鉴（2019）》。

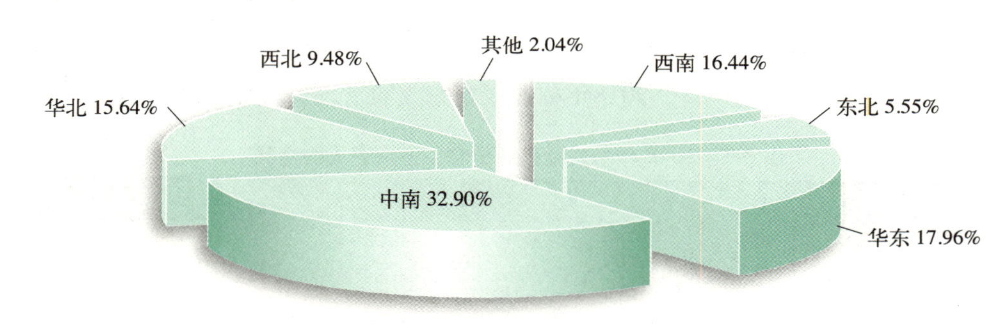

图 6-3 2019 年全国林业投资区域概况

数据来源：《中国林业和草原统计年鉴（2019）》。

2016年2月，农发行新推出“林业资源开发与保护贷款”品种，用于支持林业生态保护修复与开发利用、林业生产基地建设、林业基础设施建设等项目建设资金需求。2017年8月，农发行向全系统印发《关于全面开展林业资源开发与保护贷款业务的通知》，将林业资源开发与保护贷款业务由试点省份推向全国，进一步加大对林业生态建设的支持力度。根据农发行发布的相关数据显示，2019年农发行林业资源开发与保护贷款余额为479.4亿元，而这一数值在2018年是143.97亿元。

为提高政策的实施效果，地方林业部门也支持当地银行及其他金融机构进行合作，鼓励贴息贷款、抵押贷款流向林业产业。然而，目前来看，收到的成效往往不尽如人意，且因地区的不同而有所差异。林业融资的主体主要有两大类，一类是农户本身，另一类是新型林业经营主体。通过北京林业大学课题组走访农户及对多家新型林业经营主体的调研，发现除自有资金投入外，相比农户，新型林业经营主体存在更大的融资缺口，其主要的资金来源渠道有亲友借款、金融机构（如农业银行、邮储银行、农村信用社、村镇银行、小额贷款公司、资金互助社、网络平台融资等）借款、社会资本、民间借贷与国家支持补贴。其中，主要的外源融资来源于亲友借款与金融机构借款。

通过国家林业和草原局经济发展研究中心联合北京林业大学对集体林区多家林业主体（包括林农与新型林业经营主体）的走访调研，发现集体林权改革后，不论是林农还是新型林业经营主体，都对资金有着极大的需求量。而从林业融资的供给方面看，这些林业主体的融资渠道有两类，一类是内源融资，即主体的自有资金；另一类是外源融资，即主体通过借款、获得补贴甚至上市融资等渠道获得。外源资金来源的渠道主要有亲友借款、金融机构借款、社会资本、民间借贷与国家支持补贴，其中主要的外源融资来源于亲友借款与金融机构借款。尽管资金来源渠道多样，但总体而言，几乎所有走访的农户都表示，现有的融资渠道并不能完全满足他们对资金的需求。虽然集体林改后，中央的投融资政策极大地促进了林改成果的巩固，但是由于各集体林区所在地区资源禀赋、经济发展水平等方面存在异质性，地方政府在贯彻中央的林业金融政策的基础上，也出台了结合自身特点的投融资政策。下一部分将结合不同地区的政策进行多案例分析。

地方政策对投融资路径选择的多案例分析

考虑到林业主体融资数据的可得性、各地林业统计数据完整性及数据的时效性，同时为了对我国不同地区采取的林业政策对融资的效果进行对比分析，本文采用多案例分析法进行对比研究。归纳式、探索性的多案例分析法有别于单案例分析法，可以在获取更丰富、翔实的信息的基础上进行对照比较，进而提高命题的有效性。

结合研究主题与抽样调查方式，本文在案例选择时确定了如下标准：首先，主体案例具有一定的代表性，林业发展情况在所在省份较为典型；其次，林业局在当地指定有一系列促进主体融资的政策措施，且这些措施已取得一定成效；再次，关于林业主体融资的数据较为翔实和新颖，具有研究的可行性。基于此，在研究的3类林区中，东南集体林区属于林业发展的优势地区，人工林占比大，分别选取浙江省遂昌县、福建省沙县区作为代表；西南集体林区则多为生态脆弱地区，是生态恢复区与建设区域，选取四川省蓬安县作为代表；东北集体林区发展以平原林业为主，即农田、沟渠等地的防护林，选取辽宁省本溪县作为代表。本文拟通过选择不同省份具有代表性的4个县区进行案例分析，阐述地方政策对林业融资的影响。

一、研究框架

长久以来，林业融资存在着“融资难”“融资贵”等问题，随着集体林改的不断深化，目前也有越来越多的学者集中关注林业融资这一领域。有学者基于宏观角度，认为林业融资存在供不应求的态势，尤其是长期资金；也有学者基于农户个体的信贷需求，认为不同类型的农户对于林业的信贷需求具有异质性，不能一概而论。这种异质性的分类角度主要集中在三个方面，一是地区经济发展差异，相对于欠发达地区而言，发达地区对农地的贷款需求较低；二是政策差异，如林业补贴等政策的促进作用；三是农户自身禀赋与偏好的差异，如年龄性别、家庭结构、是否自己拥有土地或林地、农户所拥有社会资本的多寡、农地流转特征、农户金融知识的丰富程度、是否享受过林业优惠政策等都会影响农户的融资需求。林业主体常见的外部融资渠道如表6-2所示，展现了不同融资方式之间的比较优势与劣势。

表 6-2　外部融资方式比较

外部融资方式	优点	缺点
亲友借款	最常用，快捷灵活，利息低廉	手续不规范，消耗人情
金融机构贷款	手续规范	程序较复杂，利息较高，有门槛，依赖金融体系建设
民间借贷	门槛较低，灵活性较强	利息较高
政府补贴	几乎无成本	数额一般较少且范围较小
社会资本	成本较低，筹集资金数额较大	对公司规模有严格要求

除使用以自有资金为主的内源融资与多种外源融资的方式进行资金融通外，林农融资还受政府政策的影响。国外学者对政府财政奖励能否有效鼓励小规模森林所有者进行了研究，Royer and Moulton（1987）、Boyd（1984）在研究中指出两者间存在积极的关系，而Jacobson等（2009）则对政府财政激励对促进美国可持续森林资源管理方面持负面态度。政府通过税收等财政手段及指定政策、办法等方式，借助补贴、鼓励政策等途径直接或间接作用于林业主体。具体的作用途径如图6-4所示，主要有三条：第一条途径（R1）是通过出台各种政策及补贴或创新融资模式直接作用于林业主体；第二条途径（R2）是对金融机构实施补贴及政策指导等措施，支持金融机构通过贷款等融资方式对林业主体开展贷款贴息及林权抵押贷款等金融业务；第三条途径（R3）是加强普惠金融建设，通过建立完善的公共服务体系和金融基础设施，或为林业主体提供金融教育，使其更能接受多样化融资渠道。

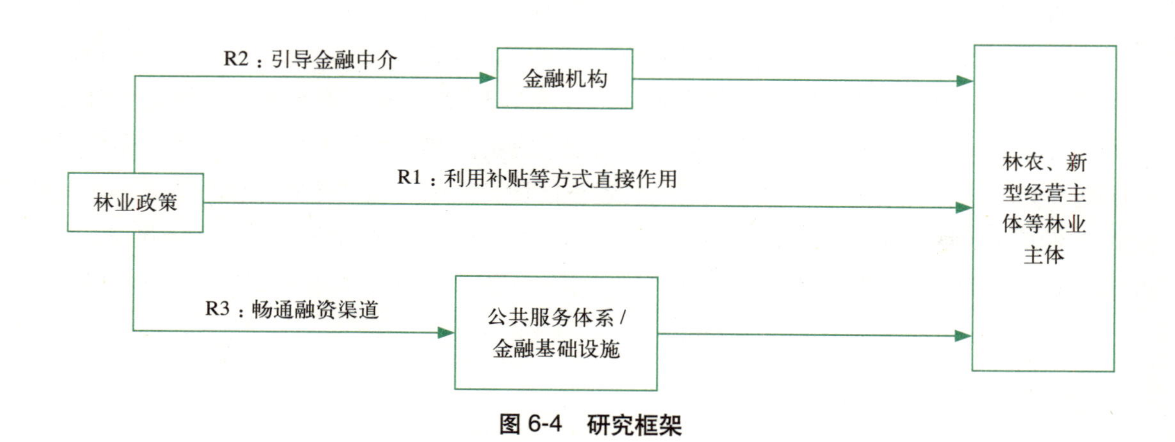

图 6-4　研究框架

二、资料收集与分析

本文属于归纳性、探索性的案例研究，遵循典型的归纳逻辑。数据及研究资料的多渠道来源是研究问题解释的重要保障。本文部分资料与数据支持来源于国家林业和草原局集体林改调研项目与各地林业局官网及相关新闻报道；另有一部分资料与数据来源于其他学者的研究。在对单个案例资料的收集分析过程中，先将现有的资料提炼出与研究主题相关的内容，再进行提炼、概括与归纳总结，最后将概念表述理论化，归纳到与研究主题相关的理论机制中。同时在多个案例中归纳提炼异同点，在承认共性的基础上突出每个案例的特点，以相对独立却又相互关联的过程探讨地方政策对林业融资的影响，并利用事实阐述、图表等方式展示并强化理论与证据的关系。

三、案例分析

根据第三部分的阐述，拟选取福建省沙县区、浙江省遂昌县、四川省蓬安县、辽宁省本溪县作为多案例分析的对象，研究集体林改背景下地方政策对林业融资的影响，各案例的特点如表6-3所示。

表 6-3 案例选择一览

所属林区	名称	特点
东南集体林区	福建省沙县区	全国文明城市、全国绿化模范单位、我国南方重点林业县、全国农村改革试验区
	浙江省遂昌县	浙江的林业大县和重点林区县、国家级生态示范区、全国重点生态功能区、2019 年度全国绿色发展百强县市、国家农产品质量安全县
西南集体林区	四川省蓬安县	省级历史文化名城、全国十佳生态旅游示范城、中国五十佳最美小城、生物资源丰富
东北集体林区	辽宁省本溪县	国家新型城镇化综合试点地区、全国农村承包地确权登记颁证工作典型地区、深化农村公路管理养护体制改革试点地区

（一）福建省沙县区

沙县区位于福建省中部，隶属于福建省三明市，林业资源十分丰富，是我国南方重点林业县，也是全国农村改革试验区。

沙县区为促进林业发展，提高生产力，针对林业融资从以下几个方面做出了改革：一是创新林业金融产品（即本文前述R2路径，下同），协调金融机构创新推出符合林业生产的长周期、低利率的林业金融产品，采取“先造后补”的方式给予贴息。例如，开发“碳汇贷”“福林贷”以拓展林地经营权抵押贷款；二是创新林业社会融资方式（R3），完善政府引导、社会参与、金融支持等多渠道投入机制，探索发行森林资源资产债券，支持符合条件的龙头企业上市融资，对符合条件的林业企业给予省级财政资金扶持，并引入保险业长期投资资金，探索林业“投保贷”一体化运作；三是深化“林票”制度改革（R3），“林票制”是指国有林业企事业单位与村集体经济组织及成员共同出资造林或合作经营现有林地，由合作双方按投资份额制发的股权（股金）凭证，具有交易、质押、继承、兑现等功能。建立出票人、保证人、监管人相互独立的林票风险隔离制度，推进林票标准化建设，建立林权收储机构监发林票机制，试行林票市场化交易，确保林票发行的正当性、价值的公允性、交易的合法性；四是探索林业碳票制度建设，探索制发林业碳票，允许森林固碳增量参与碳中和抵消，同时发展林业碳票组合融资模式，开展林业碳票期货交易试点，并开展诸如林业碳票中远期交易、融资回购等创新型业务。此外，由于沙县区土地流转速度较快，政府特地推出了有利于农村土地规模化生产经营及农村产业化发展的农村土地经营权抵押模式（R1），即以集中连片的土地经营权为抵押物、面向“大户”的“沙县区模式”，拓宽了融资渠道，提高了融资效率。

2019年，三明市在全国率先开展以“合作经营、量化权益、自由流转、保底分红”为主要内容的林票制度改革试点，沙县区以此为契机，全力深化林业改革，推进生态增绿、林农增收、村财增效。2021年3月26日，全国首笔林业碳汇收益权质押贷款落地三明市，发放给企业法人，额度100万元。4月2日，全国首笔林票抵押贷款在沙县区富口镇发放，发放给林业大户个人，额度有13万元。同月，沙县区首笔林业碳汇开发贷款落地，发放给国有林场，额度为200万元。2021年5月27日，全国首笔三明林业碳票质押贷款发放给企业法人，额度为51万元，并由人保财险三明市分公司对林业碳汇价格提供保险，实现碳票的保值增值。此外，沙县区林业局与银行合作也进一步加强了碳汇金融产品创新，即时推出碳汇开发贷，在助力林业碳汇项目开发的同时，解决了沙县区国有林场的融资需求。

（二）浙江省遂昌县

遂昌县地处浙江省的西南部，是浙江的林业大县和重点林区县，也是国家级生态示范区、全国重点生态功能区。遂昌县2016年列入全国林改试验区，在响应国家林改政策的同时，大力发展林业金融改革。

针对遂昌县林业发展的特点，当地政府的主要做法有三：第一是创新三种模式，推出实用型林权抵押贷款业务（R1）。具体地讲，首先是创新免评估小额循环贷款模式，又被誉为“遂昌模式”，即针对30万元以内的小额贷款，由借款人提供林权，金融机构根据借款人森林资源状况核定授信额度，经林权管理部门办理林权抵押登记手续，授信林农可以在有效期内随时到金融部门办理贷款；其次，创新“农村互助担保社”贷款模式，引导和鼓励具有一定条件的村民委员会、农村专业合作社或10个以上农户组建“农村互助担保社”，并缴纳一定的担保基金，同时促进担保社与银行间的合作，贷款额度原则上不超过农村互助担保社担保基金总额的10倍；最后，创新公益林补偿收益权质押贷款模式，深入实施公益林补偿收益权质押贷款试点，林农凭借林业部门开具的公益林补偿收益权证明，直接到银行办理公益林补偿收益权质押贷款。第二是完善林业社会化服务体系，建立林地经营权流转运行机制（R3）。首先是出台了全方位的政策保障，如《遂昌县林权抵押登记管理办法》《遂昌县林权抵押贷款贴息政策》等系列政策，实现了林权抵押贷款的制度化与规范化。其次是建立了机构一条龙服务，成立了管理、交易、收储等林改服务机构。其中，林权管理中心负责提供林权确认登记及林权抵押贷款登记备案等服务。最后是推进林地经营权流转功能，赋予“经营权流转证”一定的物权功能。此举消除了林地实际经营权人和金融机构的顾虑，成功盘活了森林资产，提高经营信心。第三是增强林权管理，加强多层次风险管控（R3）。从森林资源保护、林权资产信息管理、贷款贴息实时监管入手，有效控制林权贷款风险，降低了不良贷款率。

截至2018年年底，全县已累计发放林权抵押贷款31277笔（户）共计35.11亿元，其中小额贷款34.90亿元，占91.4%。林权抵押贷款的相关情况如表6-4、表6-5所示。

表 6-4 遂昌县林权抵（质）押三种贷款情况一览

序号	类别	户数	发放金额		不良贷款	
			累计发放（亿元）	贷款余额（亿元）	户数	金额（万元）
1	小额循环贷款	31218	34.90	7.04	26	245
2	互助担保社担保贷款	40	0.08	0.08		
3	公益林补偿收益权质押贷款	19	0.13	0.13		
合计		31277	35.11	7.25	26	245

数据来源：叶陈育等，2020。

表 6-5 遂昌县林权抵押年度贷款情况一览

年份	发放林权抵押贷款情况			林权抵押贷款贴息情况	
	累计发放户	累计发放金额（亿元）	贷款余额（亿元）	户数	贴息金额（万元）
2007	146	0.073	0.073	0	0
2008	788	0.483	0.38	315	41.73
2009	2149	1.31	0.63	960	116.0163
2010	4072	3.15	1.82	1117	170.4534
2011	6664	5.88	2.65	1466	280.7288
2012	9158	7.78	3.01	2036	404.5513
2013	12238	11.42	3.72	2571	615.3078
2014	16264	15.54	4.85	167	37.3695
2015	20315	20.41	5.52	2259	703.1305
2016	24491	25.91	6.302	4412	1564.515
2017	27735	30.55	6.91	4360	948.0559
2018	31277	35.11	7.25	6545	1411.7746
合计	31277	35.11	7.25	26208	6293.6331

数据来源：叶陈育等，2020。

林业贴息贷款项目统计如表6-6、图6-5所示。

表 6-6 2015—2017 年遂昌县林业贴息贷款项目统计

年份	类别	贷款户数（户）	贷款投资额（亿元）	贴息额（万元）
2015	中央财政	4234	5.34	1809.5
	省财政	178	0.18	38.4
2016	中央财政	4252	6.08	1004.6
	省财政	110	0.1	22.8
2017	中央财政	6475	9.31	1480.3
	省财政	73	0.08	16.7

数据来源：奚卫红等，2019。

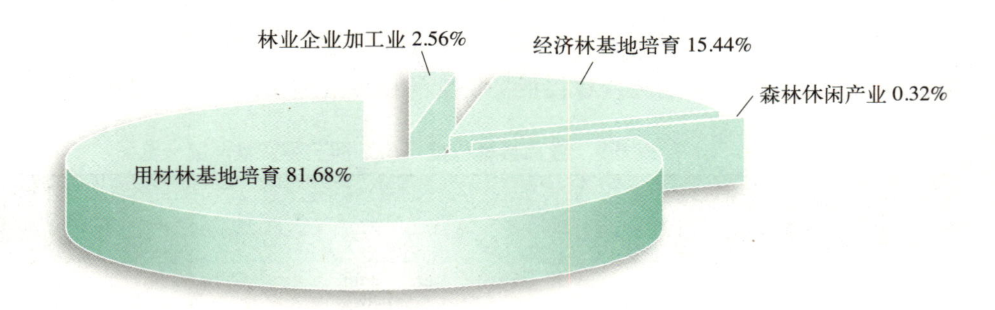

图 6-5 2017 年遂昌县林业贷款贴息项目资金投向示意图

数据来源：奚卫红等，2019。

公益林补偿收益权质押贷款进展情况如表6-7所示。

表 6-7 遂昌县公益林补偿收益权质押贷款申请户数及贷款金额

年份	申请户数（户）	申请户数同比增长（%）	贷款金额（万元）	贷款金额同比增长（%）
2017	9		303	
2018	50	456	1188	292
2019	55	10	1302	10

数据来源：叶陈育等，2020。

（三）四川省蓬安县

蓬安县辖于四川省南充市，地处嘉陵江中游，具有丰富的生物资源，植被种类繁多，有很多珍稀树种。

蓬安县致力于构建林改后新形势下的有效的林业投融资体系，除加强财政渠道资金对集体林改的支撑，也引入了信贷与保险等金融产品。为将金融产品更好地引入林业系统的发展，蓬安县林业局2008年以来采取了以下措施：一是加强与金融机构的战略合作（R2），与邮政储蓄银行、南充商业银行、人保公司等金融机构先后签订了资金额度达3亿元的战略框架协议；二是建立金融机构、林改人员、林农的三方勘界登记制度，由三方人员组成工作小组当面解决林地确权的争议（R1）；三是在林业部门的支持下，金融机构与具有发展意愿且急需资金的林农当面谈判、协商协作，并给予较高的贷款支持和保险额度（R2）。经过多年的不懈努力，林业发展取得初步成效。

在林业部门、金融机构、林农三方的合力支持下，2014—2016年三年间，累计支持林业的信贷产品共计4.51亿元人民币，保险产品共计341万元，各年变化情况具体如表6-8所示。截至2016年年底，蓬安县共落实林权抵押贷款89宗，面积0.12万公顷，贷款金额900万元，林业保险达77000宗，投保面积2.2万公顷，保费160万元，保额39000万元；农民收入中林业收入比重由20%提高到33%，从700元增加到820元，林业金融建设取得了显著成效。

表 6-8 2014—2016 年各类金融产品对蓬安县林业的支持情况 万元

金融产品	2014 年	2015 年	2016 年	总计年
信贷产品	12100	14700	18300	45100
保险产品	60	121	160	341

数据来源：辛卓遥，罗钰涵，2017。

（四）辽宁省本溪县

本溪县隶属于辽宁省本溪市，位于辽宁省东部山区，是全国农村承包地确权登记颁证工作典型地区，林下经济发展蓬勃，自2008年集体林改以来，林业建设取得基本成效。

在政府对林业的金融支持上，本溪县政府主要从林权抵押贷款、林业财政贴息及森林保险方面入手，对林业主体进行支持（R1）。林权抵押贷款方面，本溪县于2015年成立了林业产业交易中心，开始探索规范林业与金融融合发展的新路径。2015—2020五年间，累计办理林权抵押贷款52笔，共计金额6.12亿元，年均贷款6000余万元，有5.6万亩林权作为抵押。其中农户贷款41笔，共计908万；企业贷款8笔，共计2.1亿；国土公司3笔，共计3.94亿。林权抵押贷款年利率在9%～10%之间。另有财政贴息业务，占贷款总额的3%，每年大概有6户农户办理总计10多万贴息业务，主要用于林业经营、林业种植等方面。2008—2016年年底，桓仁县林业贴息贷款19446万元，其中项目贷款14038万元，小额贷款5408万元。享受贴息资金583.38万元，其中补贴农民种植桓仁山参242户，山参种植面积1986.67公顷，补贴贷款利息162.24万元。补贴林业龙头企业12家，山参种植面积920公顷，加工山参达到400多吨，补贴贷款利息达421.14万元。森林保险方面，全县的公益林和商品林都投保了森林保险，保费为每亩1元，共计412万亩。保额根据林地类型即商品林和公益林的划分各有不同的标准，保险公司每年赔付额约有100万元，主要险种有火灾险、病虫害险等或多险种的综合。目前森林保险已初具规模，但仍然需要进一步开拓市场，得到更多农户们的认可。

四、小结

如表6-9所示，本文对四个不同地区的林业融资进行分析，这四个案例均受惠于集体林权制度及其配套改革，林业金融取得了长足发展，各地政府也分别通过推行不同的措施，因地制宜地推动林业融资的发展。具体而言，福建省沙县区及浙江省遂昌县地区的政策主要通过R1、R3途径促进林业融资；四川省蓬安县的地方政策对R1、R2途径有所涉及；辽宁省本溪

表 6-9　案例样本县小结

县市	地区	地方林业政策	主要作用途径	政策施行后
福建省沙县区	东南集体林区	建立融资运行机制、构建绿色金融体系、搭建林权抵押贷款平台、推出“沙县区模式”	R1、R3	改革了林票制度、实现林票质押、沙县区首笔林业碳汇开发贷款落地
浙江省遂昌县		创新三种模式、完善林业社会化服务体系、增强林权管理与风险调控	R1、R3	林权抵押贷款与林权抵押贷款贴息有了很大进展
四川省蓬安县	西南集体林区	加强与金融机构的战略合作、建立金融机构、林改人员、林农的三方勘界登记制度、支持金融机构与具有发展意愿且急需资金的林农当面谈判、协商协作	R1、R2	林业信贷产品与保险产品逐渐增加、林业收入占农民收入比重上升、主体的经营规模与范围逐渐扩大
辽宁省本溪县	东北集体林区	支持林权抵押贷款、林业财政贴息及森林保险	R1	林权抵押贷款与贴息业务增速快、森林保险已初具规模、主体规模发展壮大、国有林场探索发展森林旅游、绿色康养项目

县则主要通过作用于R1途径促进该县的林业融资。

相较而言，针对集体林区的改革，各地林业局均倾向于选择利用发展林权抵押贷款、林业财政贴息及森林保险（R1）等直接作用的方式对林业进行资金支持，除此之外，东南集体林区林业局也注重金融基础设施及公共服务体系的建设，畅通融资渠道（R3）；西南集体林区则更多采用加强与金融中介的合作，并给予金融机构较高的贷款支持与保险额度的形式，通过引导金融中介（R2）从而间接为林业产业注资。

结论与政策建议

一、结论

本文通过对我国具有典型意义的四个县区的林业发展进行多案例分析研究，探究了不同地区地方政策对林业融资的影响途径。以福建省沙县区、浙江省遂昌县为代表的东南集体林区的地方政策，主要通过直接补贴或创设新的融资模式、完善社会化服务体系建设，促进当地林业融资；以四川省蓬安县为代表的西南集体林区，主要通过完善制度、加强与当地金融机构合作，加强林业金融的建设；以辽宁省本溪县为代表的东北集体林区，主要通过提供优惠贷款、贴息、政府投保的方式补齐林业融资的短板。比较来看，集体林区普遍会大力发展林权抵押贷款、林业财政贴息、发展森林保险等业务，并建立各种争议解决机制以保证业务顺利进行；南方集体林区相对北方集体林区措施更多元，除采用直接资金支持外，也注重间接的激励手段；在南方集体林区，间接手段略有不同：东南集体林区注重改善社会公共服务与金融基础设施，拓宽林业融资方式，加强林业金融管控以促进林业经济的发展活力与保持稳健，西南集体林区更多地注重加强政府与金融机构的合作，提高其贷款支持与保险额度，实现对林农及林业经营主体的间接注资。

二、政策建议

（一）对地方层面林业融资的政策建议

对于东南集体林区而言，首先地方林业局可以加强与当地金融机构的合作，如通过提高贷款与保险额度、降低贷款门槛限制；另外要探寻适合自己的发展道路，为欠发达地区的林业改革提供方向，例如，可以更多着眼于金融机构信贷产品的创新，在把握宏观改革政策方向的基础上发挥当地经济优势，推出更新颖的贷款产品。对于西南集体林区而言，地方政策可以更多地倾注于普惠金融体系的建设，相比北方林区，西南地区植被丰富，市场经济也较为发达，但地形多丘陵，限制了金融市场的发展，可以通过完善公共服务体系、疏通林产品产销渠道等方式发挥市场经济的作用，发挥比较优势，支持林下经济的发展，提高林业的经济效益。

对于东北集体林区而言，当地林业局可以向东南集体林区、西南集体林区借鉴经验，拓展对林业支持的路径，如通过与金融机构进行合作、建立完善的林业金融社会服务体系等方式，实现对林业的间接注资，以加大对林业的支持力度。

（二）对国家层面林业融资的政策建议

首先是因地制宜进行对林业的支持政策。由于地形、气候、文化、人口、生活习惯等不同，各地区林业发展情况不尽相同。各地林业和草原局要在宏观把握国家林业和草原局制定政策的基础上，颁布实施符合当地生活习惯的林业政策，进行对林业主体的支持。其次是建立多层次的林业金融服务体系。对于大银行等金融机构来说，一方面在宏观上给予补贴与政策支持，加大对林农的资金投入，另一方面完善林权抵押及林权流转的规范程序，减少林农在贷款时所出现的困难及门槛限制；同时要推动中小银行、村镇银行及小额贷款公司对于林业的支持。此外，还要加大互联网金融对于新型林业经营主体的支持力度，利用大数据和云计算技术实现部分风险控制，实现线上线下相结合的互联网金融支持林业的模式，同时加强技术研发及监管活动。最后则是加强对林业金融市场的监管，维持公开透明的市场秩序，注重林业发展的稳健性。

2020

集体林权制度改革监测报告

集体

林改对我国木材进口贸易的影响

理论机制

一、引言

我国的森林资源具有一定的稀缺性，其稀缺性促使我国的林业产权进行一定的变革。根据制度经济学的观点，通过界定产权及其相关的权利，能够激励个人行为，从而实现社会资源的有效配置。新中国成立以来，我国的集体林权制度经过几次改革，但还是存在着产权不明晰、利益分配不合理、经营主体未落实、经营机制不灵活等问题。自2003年起，我国在福建、江西等地实施新一轮集体林改；到了2008年，此次林改开始向全国范围全面推进。截至2018年，我国已确权的集体林地面积达到1.80亿公顷；发放林权证1.01亿本，受益林农达到1亿多人。根据第九次全国森林资源清查结果可知，我国的森林面积达到了2.2亿公顷，森林蓄积量则为175.6亿立方米。相比于第六次森林资源清查时期，15年来，我国的森林面积增加了4551.7万公顷，森林蓄积量增加了51.04亿立方米。自集体林改实施以来，我国的森林面积稳步上升，木材的产量也呈一个稳定增长的趋势。根据中国林业统计年鉴可知，木材产量由2003年的2473.02万立方米上升到了2018年的8810.86万立方米。根据国家林业和草原局最新估计，我国的木材产量的80%以上是由集体林区的商品材提供的。可见，在提升国内木材供给能力方面，集体林改起到了积极的作用。

与此同时，在木材需求日益增长的背景下，我国的木材进口贸易发展地越来越繁荣。2018年中国的原木进口达到了5979.9万立方米，占世界原木总进口量的40.99%；锯材进口量为3755.3万立方米，占世界锯材总进口量的24.79%。目前，我国存在着木材进口对外依存度过高的问题，这不利于我国木材产业实现长期稳定发展的目标。在木材供需矛盾日益紧张和保护森林资源的情况下，提升我国的木材供给能力就成为林业政策的重点。

通过现有研究，本文主要发现了三个重点：首先，林改属于国家的重大公共政策，其对于林业方面如森林资源、林农收入、木材产出等方面的影响都是较为明显的。其次，我国的木材进口安全方面还面临着许多的问题，过快增长的木材需求以及自身木材产出的供不应求，无一不显示了我国潜在的木材供需矛盾。过于依靠木材进口无疑存在着一定的贸易安全问题。由于木材这一商品的特殊性，解决木材需求过大的压力不能只依靠进口解决，国内供给提升和国外进口双管齐下才能有效地保障我国的木材的供需平衡。最后，目前的多数研究验证了林改对缓解我国木材供需矛盾能够产生积极的影响，如同天然林资源保护政策对木材进口的促进作用，研究林改能否对木材进口产生影响能够为我国制定林业政策提供一定的思路。

现有研究已经证实，林改对我国森林资源的增长作用是正向的，但对林改及相关政策是否对我国木材的进口贸易产生一定的影响的相关研究还较少。在经济全球化的背景下，政策制定不能仅仅考虑国内的政策效果，国内政策造成的影响是否会间接地影响到我国的国际贸易也需要被考虑进去。实证探讨集体林改是否能够提升国内木材供给，从而减少我国对国外木材的依赖性，能为我国国内林业政策影响木材进口贸易提供一定的借鉴意义，同时也为政府如何进一步深化林改，在保障木材进口安全方面提供一定的政策建议。本文的研究目标是

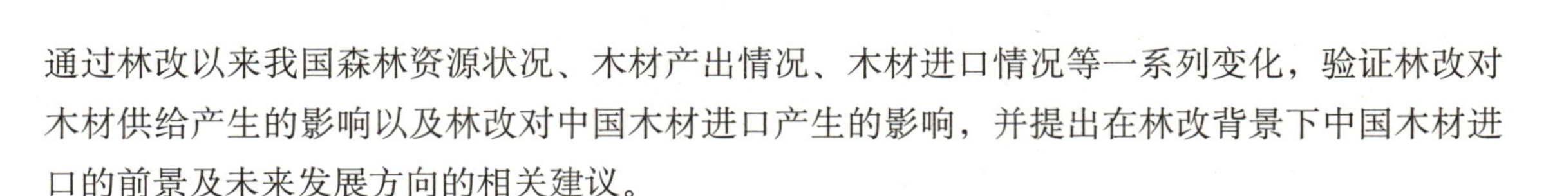

通过林改以来我国森林资源状况、木材产出情况、木材进口情况等一系列变化，验证林改对木材供给产生的影响以及林改对中国木材进口产生的影响，并提出在林改背景下中国木材进口的前景及未来发展方向的相关建议。

基于上述分析，本文的边际贡献是：第一，目前对于集体林改的研究热度不断，但通常是从森林资源和林农方面出发为主，将林改与木材进口联系起来的研究较少。本文从林改影响国内木材供给的角度出发，采取VAR模型验证各因素对木材进口的影响，并从各个角度给予一定的政策建议。第二，在验证林改对国内木材供给的影响时，多数文献从某个林改试点省、市、县的角度出发，本文考虑到各省实施林改的时间不同，采取多期DID的方式，深入分析在全国的基础上验证林改对木材产出的影响。

二、集体林改对木材进口影响的理论机制

1949年以来，我国相继出台了许多林业政策。集体林改是我国于2003年开始试点，2008年在全国全面铺开的一项林业政策。基于木材的供需理论，为了实现资源的最优配置，我国需要解决木材供需不平衡的问题。当木材的需求上升过快时，提高国内木材供给能力和依靠进口木材是解决木材供需不平衡的主要举措。但是，考虑到木材的原材料——森林资源的特殊性，木材的出口国会出于保护国家战略性资产的目的而对木材的出口进行一定的限制。因此，过于依靠进口木材使我国在国际木材贸易市场上处于一个弱势地位，不利于我国的木材安全问题，提升木材的供给能力就成为我国亟待解决的问题。

集体林改是通过明晰产权，增加林农造林意愿，从而缓解国内木材的供需矛盾。根据产权理论，明晰林地产权对林农产生有效的激励作用，从而达到社会资源的最优配置。当林农受到激励后，由生产理论可知，林农投入更多的资产和劳动力来追求更大的经济利益，林业的产出也会由此增加。集体林权制度是从赋予林农稳定的产权的角度出发，配以各项配套政策进一步解放林业生产力，增加林农收入，缓解我国木材供需不平衡问题。新一轮集体林改配套政策还包括了农业税费改革、林业补贴、森林保险、林权抵押政策等。首先，2003年开始实施的农业税费减免，极大地减轻了林农的负担，在2014年更是在育林基金方面进行免征。税费等方面的减免直接对林农的收入产生正向的作用，从而促使集体林区林农提升造林意愿。其次，对于造林方面的林业补贴，直接激励了林农对造林方面的投入，增加了集体林区用材林面积。最后，森林保险和林权抵押政策则是通过金融方面给予林农一定的保障。森林保险保障了林农可能遭受的损失，而林权抵押贷款则为林农造林护林提供了资金渠道。以上措施都旨在提升林农收入，保障林农权益。当造林可以提高林农收入时，林农对造林的投入也会增加，从而达到集体林区人工林面积的增加。

在我国林地确权取得成效后，集体林改提升了我国的木材产出能力，从而通过促进木材的供给能力对木材的进口产生了影响。国内木材供给和国外木材进口共同满足我国的木材需求。当国内木材供给能力得到提升时，我国的木材供需矛盾能够得到一定的缓解，从而抑制我国过快的国外进口木材需求。

基于此，本文提出以下假说：

假说1：集体林改能够提升我国的供给能力。

假说2：集体林改有效地提高了木材产出，总体上能够抑制我国进口木材的数量。

假说3：木材产出的增加对于原木和锯材进口的影响是不同的。

值得注意的是，由集体林所增加的国内木材供给可以体现在森林蓄积量、木材产量、人工林面积、森林砍伐率等方面，因而，在研究集体林改对木材进口的影响上，可以看作我国木材产出变化对木材进口的影响，集体林改对木材进口贸易的影响机制如图7-1所示。

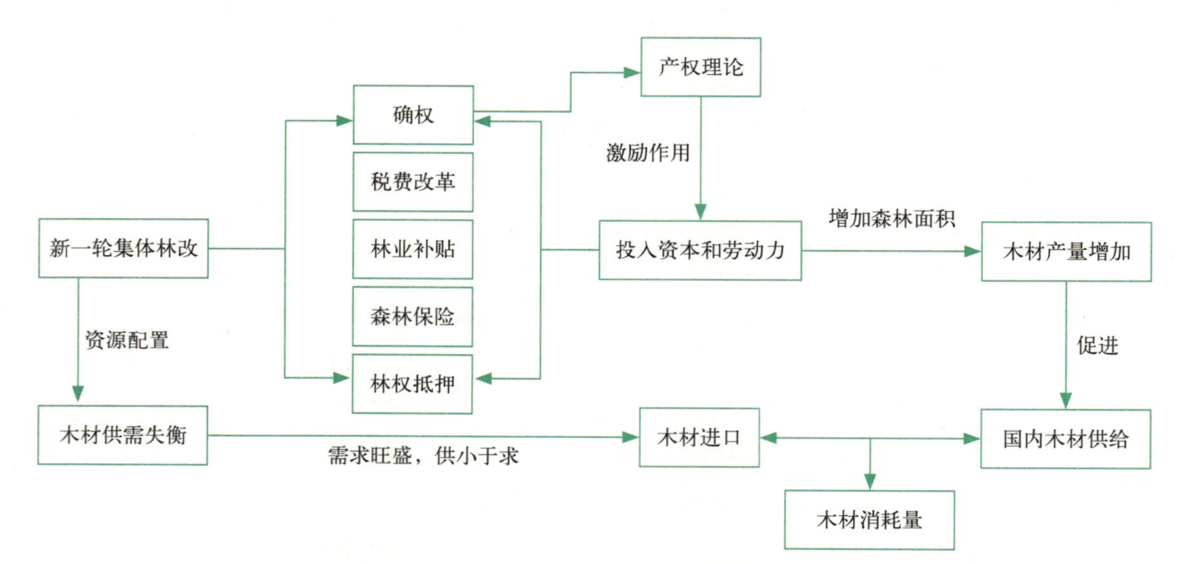

图 7-1 集体林改对木材进口贸易的影响机制

计量分析

一、集体林改对木材产出的影响

（一）模型、变量与数据

1. 模型的设定

普通的DID模型通常以一个时间点区分实验组和对照组，而林改作为一个先试点再逐渐铺开的政策，各省进行集体林改的时间不同。因此，为了更好地验证集体林改对我国木材供给的影响，本文参考Beck（2010）构建多时点DID模型，以参与改革的省份作为实验组，没有参与改革的省份作为对照组，得到模型如下：

$$Y_{it} = \alpha_0 + \beta_1 FR_{it} + \beta_2 X_{it} + \gamma_i + \psi_i + \omega_{it}$$

其中，Y是被解释变量，即木材产量；FR表示虚拟变量集体林改，若i省在t年进行了集体林改，FR取值为1；若i省在t年未进行集体林改，FR取值为0；γ_i表示个体固定效应，用以反映个体特征；ψ_i表示时间效应，用以反映时间固定效应；X_{it}为随时间和省份发生变化的控制变量；ω_{it}表示误差项；系数β_1表示处理效应，即DID的估计量，为本文最关键的系数，主要衡量了林改对木材供给方面的影响。假如β_1系数显著为正，那么可以得到，集体林改这一政策能够有效促进产量的增加。

2. 样本省份选取

考虑到集体林改是在2003年开始实施，在2008年开始向全国全面铺开的，并在2011年基本在全国完成推进改革，全国25个省份基本完成集体林地的确权工作，确权集体林地的面积占集体林地总面积已经达到92.23%。2004—2010年，全国各省开始集中进行集体林改。到了2011年，明晰产权、确权到户的任务已经基本完成。因此，本文将研究范围设为2004年以来参与集体林改的各省份。出于扩大样本容量和年份跨度的目的，福建省作为2003年第一批参与集体林改的省份，考虑到集体林改的完成需要一定的时间，将福建省归入2004年参与集体林改，而新疆在2009年刚开始进行改革，从开始到完成的时间也较长，因而将新疆认为在2010年未完成改革。此外，出于样本数据的可获得性，本文最终选取的省份有福建、江西、内蒙古、江苏、浙江、辽宁、河北、安徽、云南、吉林、黑龙江、河南、湖北、湖南、广西、贵州、陕西、四川、重庆、广东、山西、新疆、甘肃、山东、海南共25个省份。这25个省份的木材产量约占全国木材产量的97%，因此省份的选取具有一定的合理性，其中，各省进行集体林改的时间数据参考表7-1。

表 7-1 各省参与集体林改时间

编号	省份	参与集体林改时间	编号	省份	参与集体林改时间
1	河北	2006 年	14	湖北	2007 年
2	山西	2008 年	15	湖南	2007 年
3	内蒙古	2004 年	16	广东	2008 年
4	辽宁	2005 年	17	广西	2007 年
5	吉林	2007 年	18	海南	2008 年
6	黑龙江	2007 年	19	重庆	2008 年
7	江苏	2004 年	20	四川	2008 年
8	浙江	2004 年	21	贵州	2007 年
9	安徽	2006 年	22	云南	2006 年
10	福建	2004 年	23	陕西	2007 年
11	江西	2004 年	24	甘肃	2009 年
12	山东	2009 年	25	新疆	2009 年（试点）
13	河南	2007 年			

数据来源：各省（市）林业厅和国家林业和草原局整理所得。

3. 变量选取

（1）被解释变量：各地区木材产量。从国内木材供给的角度看，当林农砍伐的木材越多，木材的产量越多，国内木材的供给也就越多。因此，本文采取木材产量这一指标用以直接衡量国内木材供给的情况。

（2）核心解释变量：新一轮集体林改。林改实施前取0，林改实施后取1。

（3）控制变量：林地条件、林业投资、林农投入。从国内供给方面看，丰富的林地条件有益于木材的生产，从而对国内木材供给产生一定的影响。集体林改实施后，林农被稳定的产权所激励，开始对集体林地进行更多的投入，这通常直接反应在森林蓄积量上（田明华等，2016）。考虑到森林增长的特殊性以及用材林多以人工造林为主，本文以造林面积和森林蓄积量来衡量林地条件。此外，林业资本和劳动力的投入通常会促进林农营林造林的意愿，那么木材的产量也会随之发生变化（李卓等，2019）。故而，本文用林业固定资产投资额和林农从业人数这两个指标分别衡量林业投资和林农投入。

4. 数据来源及处理

根据上文分析，本文选取2003—2018年的全国25个省份的样本数据，数据主要来源于中国林业统计年鉴和国家统计局。其中，各地区木材产量、造林面积、林业从业人数、林业固定资产投资额、森林蓄积量均源于中国林业统计年鉴。由于我国每五年进行一次森林资源清查，因此对于森林蓄积量的处理采取每五年的平均增长率进行处理；对林业固定资产投资额则通过采用各省固定资产投资价格指数（2003年不变价格）进行平减得到，固定资产投资价格指数则源于中国统计年鉴。

（二）实证结果及分析

1. 描述性统计

本文将变量木材产量、造林面积、森林蓄积量、林业固定资产投资额以及林业从业人数选取自然对数，得到LnTP、LnFA、LnFV、LnFI、LnFN。根据表7-2可知，木材产量对数的范围为–1.309到8.063，标准差为1.497，可以看出中国各地区的木材产量差异较大。同样地，林业固定资产投资额对数以及林业从业人数对数的平均值分别为11.854和1.227，标准差则分别为1.6和0.801，可以看出各地林业投资及林业从业人数的差异也较为明显。

表 7-2 变量解释及描述性统计

变量	统计指标	符号	观测值	平均值	标准差	最小值	最大值
木材供给	木材产量（10^4 立方米）	LnTP	400	4.919	1.497	–1.309	8.063
政策	集体林改	LFR	400	0.768	0.423	0	1
林地条件	造林面积（10^4 公顷）	LnFA	400	2.655	1.042	–1.078	4.457
	森林蓄积量（10^4 立方米）	LnFV	400	10.157	1.101	6.764	12.192
林业投资	林业固定资产投资额（10^4 元）	LnFI	400	11.854	1.600	6.825	16.305
林农投入	林业从业人数（10^4 人）	LnFN	400	1.227	0.801	–0.582	3.634

2. 回归结果分析

为了更好地控制省份和年份即个体效应和时间效应，本文采取双向固定效应模型来进行回归估计。此外，出于解决由于遗漏变量而产生的内生性问题，本文还选择加入造林面积、森林蓄积量、林业固定资产投资额、林业从业人数4个控制变量以观察估计结果。根据表7-3所得到的DID估计结果可知，在没有加入控制变量前，模型1的FR的估计系数β_1为0.371，结果显著为正，达到了5%的显著性水平；加入4个控制变量后，模型2的FR的估计系数β_1为0.436，结果依旧显著，在1%的显著性水平下，表示林改对木材产量的影响是正向的。此外，森林蓄积量对木材产量的影响也是较为明显的。自2003年林改进行试点以来，我国的森林蓄积量呈快速增长的趋势，可以认为，森林资源的改善有效地促进了我国木材产量的增加。根据上述结果，可以得到，自集体林改开始试点以来，木材产量得到了明显的提升，也就是说，集体林改能够有效地促进我国木材产量的提升，改善我国木材供给能力。

表 7-3 DID 基准回归结果

VARIABLES	模型 1	模型 2
	LnTP	LnTP
FR	0.371** (2.17)	0.436*** (3.41)
LnFA	—	–0.008 (–0.13)
LnFV	—	1.305*** (3.92)
LnFI	—	–0.113 (–1.47)
LnFN	—	–0.037 (–0.11)
Constant	4.253*** (22.32)	–7.076* (–1.90)
Observations	400	400
province	YES	YES
year	YES	YES
Number of province	25	25
R-squared	0.220	0.416

注：*** p<0.01, ** p<0.05, * p<0.1。

3. 平行趋势检验

进行DID估计的前提是通过平行趋势检验，即实验组和对照组在林改政策发生前必须具有可比性。因此，本文选择绘多期DID模型的平行趋势图以确保回归结果的合理性。根据图7-2可知，在林改政策冲击之间的年份估计值都在0附近，且95%的置信区间也包含0，可以得到林改政策冲击前估计值系数不显著，而林改政策发生后估计值系数显著为正，符合平行趋势检验。

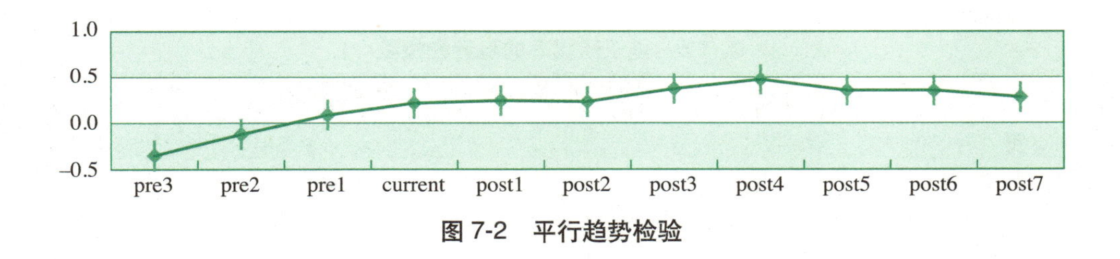

图 7-2 平行趋势检验

4. 稳健性检验

（1）剔除确权率较低的省份的样本。考虑到一些省份或地区确权进程较慢，导致集体林地的确权率较低，这可能会对本文的回归结果产生一定的影响。因此，本文参考张寒（2011）所整理的2009年林改全面铺开后全国各地的确权率，剔除确权率不满15%的省份或地区（即广东、甘肃、新疆）以保证回归结果的准确性，得到表7-4。根据表7-4可知，剔除确权率低的各地后，DID的估计结果在5%的显著性水平下；在加入4个控制变量后，DID估计结果仍然为正，即林改对木材产量的影响是正向的，与上文结果一致。

表 7-4 剔除样本期内确权率较低的地区的稳健性检验

VARIABLES	模型 3	模型 4
	LnTP	LnTP
FR	0.499** (2.75)	0.502*** (3.64)
LnFA	—	-0.036 (-0.51)
LnFV	—	1.336*** (3.77)
LnFI	—	-0.113 (-1.36)
LnFN	—	-0.037 (-0.11)
Constant	4.431*** (20.75)	-7.072* (-1.82)
Observations	352	352
province	YES	YES
year	YES	YES
Number of province	22	22
R-squared	0.225	0.427

注：*** $p<0.01$，** $p<0.05$，* $p<0.1$。

（2）替换被解释变量。上文的木材产量直接反映了我国木材的供给水平。通常来说，当林农对森林进行砍伐的意愿越强烈，木材的产出也就越多。为了更好地反映我国木材的产出水平，本文选择森林砍伐率这一指标来替代木材产量作为被解释变量进行稳健性检验。森林砍伐率的计算为木材产量和森林蓄积量的比值，本文用R表示。回归结果如表7-5所示，可以看出，以砍伐率作为被解释变量时，在加入控制变量后和未加入控制变量时，估计值在5%和1%的显著性水平下，林改对砍伐率的影响也是正向的，即林改促进了森林砍伐率的增长，从而增加了我国木材的产量，与上文分析相符合。

表 7-5 基于砍伐率的稳健性检验

VARIABLES	模型 5	模型 6
	R	R
FR	0.006*** (2.97)	0.006** (2.58)
LnFA	—	-0.001 (-0.71)
LnFI	—	0.000 (0.01)
LnFN	—	-0.001 (-0.28)
Constant	0.011*** (8.15)	0.014 (1.14)
Observations	400	400
province	YES	YES
year	YES	YES
Number of province	25	25
R-squared	0.172	0.176

注：*** $p<0.01$，** $p<0.05$，* $p<0.1$。

5. 研究结论

自2003年林改开始试点以来，我国的森林蓄积量、人工林面积和木材产量都发生了显著的变化。为了验证林改对木材产出的影响，本文通过建立多期DID模型，验证了集体林改的确对我国的木材供给呈积极的影响，也就是说，林改在一定程度上有效地促进了我国木材产量的增长。此外，由于林改是一项先试点再铺开的政策，各地实施林改的时间和程度都有所不同，本文还发现确权率越高的地区，林改对其木材产出的作用越明显。林改对森林砍伐率的作用也较为明显，这可能是由于林改给予林农更稳定的产权，其促进了林农对森林的砍伐程度意愿以得到更高的收入。总而言之，通过上述分析，本研究得到林改有效地提升了我国的木材供给能力，其确权程度越高，对木材产出的影响能力也就越强。

二、木材产出对木材进口贸易的影响

（一）模型、变量与数据

1. 模型设立

本文建立的VAR模型为N维随机向量服从Q阶向量自回归过程，记为VAR（Q）。表达式为：

$$Y_t = \alpha + \psi_1 Y_{t-1} + \psi_2 Y_{t-2} + \cdots + \psi_q Y_{t-q} + \varepsilon_t$$

其中：α服从N维常数向量；ψ_p（p=1,2,⋯,q）n×n维；$\{\varepsilon_t\}$ 为n维服从独立同分布随机向量。

2. 变量选取及数据来源

根据上文集体林改对木材进口的影响机制，本文选取1998—2018年的样本数据。其中，中国木材进口量（包括原木和锯材）作为被解释变量。集体林改对木材进口的影响主要体现在我国的木材供给能力上，故而在解释变量的选取上选择了林业投资增长率、木材价格、森林砍伐率。其中，木材进口量来自FAO林产品年鉴；林业投资增长率由中国林业统计年鉴计算所得；森林蓄积量由全国森林资源清查所得、木材产量及木材价格的数据源自中国林业统计年鉴。此外，本文所指木材是指原木和锯材，锯材的数据将折算成原木量进行计算；由于全国森林资源清查每五年统计一次，故而其变化量是由每五年的平均增长率处理所得。

森林砍伐率的计算公式为：

$$R = TP \div FV$$

其中：R表示森林砍伐率；TP表示木材产量；FV则表示森林蓄积量。

此外，中国林业统计年鉴只统计了2001年以后的国内木材价格数据。因此，本文参考张寒（2012）对于2001年以前木材价格的处理，即采取木材及纸浆类购进价格指数（PPIWP）计算2001年之前的木材价格，其计算公式为：

$$P_{t-1} = PPIWP \times P_t$$

为了剔除通货膨胀的影响，本文还将对木材价格采取用农产品生产者家价格指数（1998年不变价格）进行平减处理。同时，出于消除时间序列和异方差现象的目的，本文将木材进口量、木材价格进行自然对数的变化，得到LnImport、LnP（表7-6）。

表 7-6 变量选取及意义

指标	变量	符号	单位	预期方向
被解释变量	木材进口量	LnImport	10^4 立方米	—
解释变量	林业投资增长率	FI	%	–
	木材价格	LnP	元 / 立方米	+
	森林砍伐率	R	%	–

（二）实证分析

1. 单位根检验

考虑到时间序列数据具有非平稳性的特点，为了避免伪回归，需要对数据进行ADF平稳性检验。接下来利用Eviews8.0对各变量的水平序列单位根进行数据分析，得到表7-7。

表 7-7 各变量单位根 ADF 检验结果

变量	ADF 检验统计量	1% 临界值	5% 临界值	10% 临界值	*P* 值	平稳性
LnImport	–1.90696	–3.857386	–3.040391	–2.66055	0.3219	不平稳
FI	–2.767907	–3.808546	–3.020686	–2.65041	0.0807	不平稳
R	–1.569315	–3.808546	–3.020686	–2.65041	0.4791	不平稳
LnP	–0.1903	–3.886751	–3.052169	–2.66659	0.9228	不平稳
△ (LnImport)	–4.21426	–3.8574	–3.0404	–2.6606	0.0048	平稳
△ (FI)	–4.71069	–3.857386	–3.040391	–2.66055	0.0018	平稳
△ (R)	–4.492326	–3.831511	–3.02997	–2.65519	0.0025	平稳
△ (LnP)	–4.046421	–3.886751	–3.052169	–2.66659	0.0073	平稳

数据来源：作者使用 EViews8.0 整理所得。

在单位根的平稳性检验中，只有当各变量的ADF值小于5%的显著性水平下的临界值时，各序列才具有平稳性。根据表7-7可知，LnImport、FI、LnP、R的单位根ADF检验统计值在5%的显著性水平下都大于相应的临界值，无法拒绝数据存在单位根的原假设，即这四个变量为非平稳性时间序列。因而，上述变量需要再进行一阶差分处理。经过一阶差分后，各变量的ADF检验统计量则均小于1%的显著性水平下的临界值，故所有变量达到了平稳的状态，为一阶单整。

2. 协整检验

为了进一步检验林业投资增长率、木材价格、森林砍伐率与木材进口量之间的长期均衡关系，本文接下来将进行Johansen协整检验，得到表7-8。

表 7-8 协整检验

原假设	特征值	迹统计量	临界值	*P* 值
None *	0.796209	64.33416	47.85613	0.0007
At most 1 *	0.667793	32.52094	29.79707	0.0237
At most 2	0.246697	10.48097	15.49471	0.2455
At most 3 *	0.21397	4.815205	3.841466	0.0282

由Johansen检验结果可知，木材进口量、林业投资增长率、木材价格、森林砍伐率之间

至少存在2个协整关系，可以进一步建立VAR模型。

3. 确认滞后阶数

建立VAR模型较为重要的一点是选取滞后阶数。本文采取滞后长度准则（Lag Length Criteria）、AIC准则（Akaike Information Criterion）和SIC准则（Schwarz Information Criterion）来确定和建立最优滞后阶数的VAR模型（表7-9）。

表 7-9　滞后长度信息准则

Lag	LogL	LR	FPE	AIC	SC	HQ
0	152.4325	NA	2.94E–12	–15.20342	–14.80576	–15.13612
1	185.9376	45.84911*	5.08e–13*	–17.04607*	–15.85309*	–16.84417*
2	201.3047	14.55827	7.94E–13	–16.97944	–14.99115	–16.64294

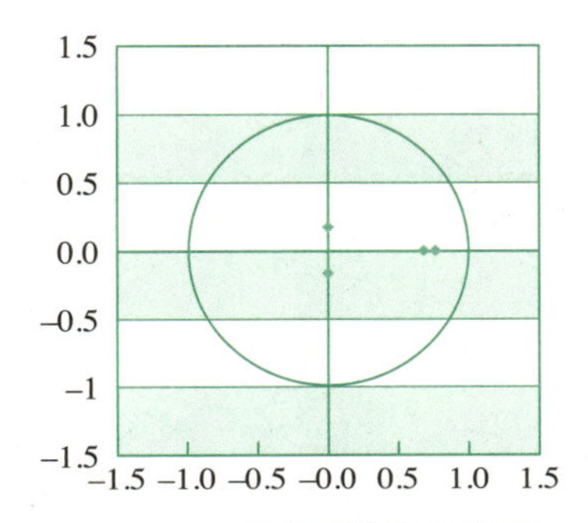

图 7-3　VAR 模型单位根检验

根据上述AIC和SC准则，模型的最大滞后阶数为1，本文建立的为VAR（1）模型。此外，为了验证VAR模型的稳定性，本文采取AR-Roots方法来进行检验。

根据图7-3可知，VAR模型的所有单位根都落在单位圆内，也就是说，木材VAR模型具有稳定性。1998—2018年，木材进口量与三个影响因素之间存在长期均衡的关系，模型的建立是科学的，可进一步进行脉冲响应分析。

4. 脉冲响应

脉冲响应得到的结果如图7-4所示。根据图7-4（a）可知，木材进口量对最初的国内木材价格冲击的反应较为迅速，且为负向的，从第3期开始趋于平稳。也就是说，短期来看，木材价格的上升会对木材进口产生明显的抑制作用；从长期来看，抑制作用较为稳定。林改导致木材价格呈一个上涨的趋势，尤其是短期内极大地刺激了林农对木材的砍伐，促进了木材产量的上升。这在一定程度上，可能短期内影响到了木材的进口量，但从长期来看，除了政策以外，市场会逐渐调整木材的价格，故而木材价格对木材进口量的影响会逐渐趋于稳定。

根据图7-4（b）可知，最初来自林业投资增长率的一个负向冲击后，木材进口量反应迅速且剧烈，第2期达到了明显的负向效应；到第5期后，其反映逐渐趋于平稳，木材进口量对林业投资的增长的冲击反映不明显。从短期来看，林业投资的增长极大地抑制了木材进口量的增长，但第5期后，其对木材进口的影响就变得较为稳定。林业投资可以看作林农对林地的资金投入，在早期集体林改实施后，林业投资的增长较为剧烈，可以看作早期林农对于营林造林的投入极大地促进了木材的产出，从而抑制了木材进口量的快速增长。

据图7-4（c）可知，森林砍伐率对木材进口量冲击是负向的；最初来自森林砍伐率的冲击时，木材进口量反应较为迅速，在第3期到第4期最为明显；第8期开始趋向平稳。从短期看，森林砍伐率的增长迅速地抑制了木材进口量的增加；从长期来看，森林砍伐率一定程度上对于木材进口量的影响较为稳定，且方向为负向。

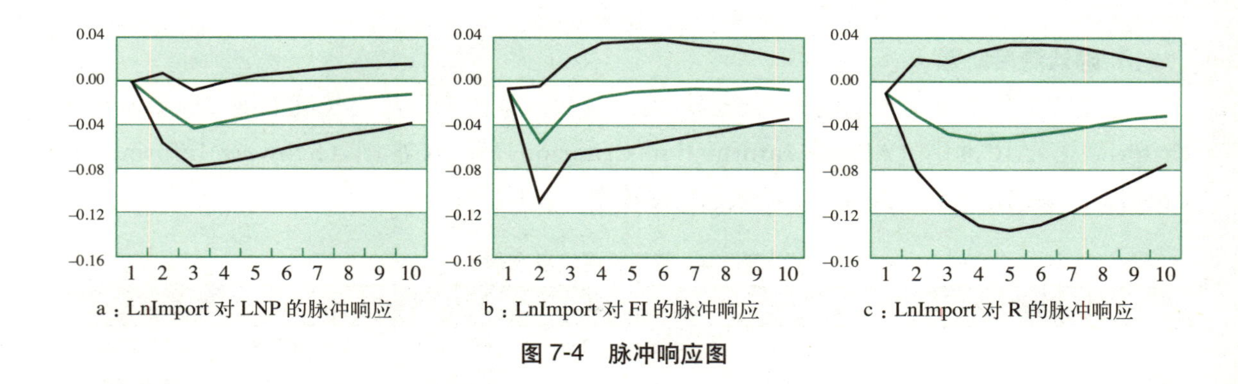

图 7-4 脉冲响应图

5. 方差分解

对于各影响因素的方差分解结果如表7-10所示。

表 7-10 各因素方差分解结果

Period	S.E.	LnImport	R	FI	LnP
1	0.097071	100	0	0	0
2	0.123238	79.34	3.612139	12.93074	4.11712
3	0.150172	65.48385	12.73461	10.6378	11.14374
4	0.169381	58.39983	18.85771	9.025188	13.71727
5	0.182669	54.20351	22.92652	8.077735	14.79224
6	0.191828	51.53965	25.67218	7.478584	15.30958
7	0.198024	49.81866	27.51677	7.09436	15.57021
8	0.202139	48.70136	28.74649	6.847628	15.70452
9	0.204829	47.97695	29.55884	6.689461	15.77475
10	0.206563	47.50977	30.08995	6.588529	15.81175

数据来源：作者使用 EViews8.0 整理所得。

根据表7-10可知，木材进口量的波动主要从第3期开始自身扰动下降，但其自身的扰动仍然为主要方面。在影响因素方面，森林砍伐率的贡献率从第2期的3.61%左右达到了第10期的30.09%左右，增速较快，尤其是从第3期的增速开始，这可能是由于林改实施后，木材产量和森林蓄积量的快速增长促使林农增加了砍伐森林的意愿，从而导致其对木材进口量产生了一定的影响；林业投资增长率的影响则开始逐渐下降，从第2期的12.93%降低到了第10期的6.59%，这可能是除了一开始的高速增长，后期林业投资的增长呈稳定的状态，其对木材进口量的影响也趋于稳定；国内木材的价格的贡献率同森林砍伐率的贡献率一样，都是从第3期开始快步增长，达到了第10期的15.81%。

三、木材产出对木材进口贸易的影响——基于面板数据的分析

（一）变量选取与数据来源

为了深入分析我国木材产出变化对我国木材进口贸易的影响，本文选取1998—2015年

我国的主要木材进口原木来源国和进口锯材来源国。考虑到数据的可获得性，原木进口国包括俄罗斯、新西兰、美国、马来西亚、巴布亚新几内亚、加蓬；锯材进口国包括俄罗斯、美国、马来西亚、印度尼西亚和泰国。

被解释变量：中国从各样本国家进口原木、锯材的量。

解释变量：中国的GDP、各样本国家的GDP、森林资源差异、汇率和中国的木家具出口量（表7-11）。近年来，我国的经济发展迅速，国内对木材的需求易对木材的进口产生影响。因此，本文拟采取中国及各木材进口来源国的GDP作为衡量我国及进口来源国的国内需求（李秋娟，2018）。此外，我国作为一个木制产品出口大国，除了满足国内需求以外，还需要满足国外对于木制产品的需求。我国出口的木质产品越多，对于木材的需求也就越强烈。因此，本文将我国的木家具出口量作为衡量国外需求的指标。汇率的变动会影响到我国的木材进口贸易，本文将实际汇率作为衡量木材贸易环境的指标。此外，森林资源的差异能够直接影响到一国的木材进出口贸易。一国的木材产出通常由一国森林蓄积量的丰富程度来衡量，森林资源越丰富的国家对于进口木材的需求越弱。而目前大部分国家的森林蓄积量呈平稳的状态，因此，在衡量两国之间的木材贸易时，本文拟采用两国森林资源差异作为指标作为我国木材产出的变化。

表 7-11　变量选取及意义

指标	变量	符号
被解释变量	中国从某国的原木进口量	$LnImport_{lcjt}$
	中国从某国的木材进口量	$LnImport_{scjt}$
解释变量	中国的 GDP	$LnGDP_{ct}$
	木材进口来源国的 GDP	$LnGDP_{jt}$
	森林资源差异（*j* 国人均森林蓄积量与中国人均森林蓄积量的差值）	$LnAVFV_{cjt}$
	汇率（1 元人民币所能兑换的 j 国货币）	ER_{cjt}
	中国木家具出口量	$LnWF_{ct}$

其中，中国从各样本国家进口原木、锯材的量来自FAO数据库；中国及各国的GDP、消费者价格指数、各国汇率、人口来自世界银行数据库；中国及各国森林蓄积量来自FAO全球森林资源评估报告；中国木家具出口量来自中国林业统计年鉴。

考虑到FAO的全球森林资源评估每五年进行一次，对于各国森林蓄积量的处理采取每五年的平均增长率进行处理；为了剔除通货膨胀的影响，对各国GDP则采取CPI指数（1998年不变价格）进行平减处理。

（二）描述性统计

本文将各原木进口来源国和锯材进口来源国的相关变量取对数，并进行了描述性统计，得到结果如表7-12。在木材进口量方面，$LnImport_{lcjt}$的平均值要较$LnImport_{scjt}$大一些，但差距不大。我国的GDP呈快速上升的趋势，其对数的平均值为28.69；原木和锯材进口来源国的GDP的对数相差不大，其平均值分别为25.30和26.69；原木和锯材进口来源国的森林资源差异较为稳定，其对数的平均值分别为6.30和4.46；汇率方面的差距则较大，这主要是由于印度尼西亚和加蓬等国的换算汇率较大；我国的木家具出口量则呈稳定增长的趋势。

表 7-12 各变量的描述性统计情况

项目	变量	平均值	标准差	最小值	最大值
原木	$LnImport_{lcjt}$	14.32446	1.671599	8.71029	16.96413
	$LnGDP_{ct}$	28.69277	0.700558	27.65965	29.69496
	$LnGDP_{jt}$	25.30057	2.575707	21.33717	30.15947
	$LnAVFV_{cjt}$	6.295836	1.140312	4.72889	8.391392
	ER_{cjt}	13.35786	27.88038	0.120788	94.92192
	$LnWF_{ct}$	19.05291	0.52048	18.03621	19.60622
锯材	$LnImport_{scjt}$	13.42785	1.265598	8.68186	15.98159
	$LnGDP_{ct}$	28.69277	0.701214	27.65965	29.69496
	$LnGDP_{jt}$	26.68652	1.704049	25.00226	30.15947
	$LnAVFV_{cjt}$	4.457225	1.330266	2.326944	6.327055
	ER_{cjt}	269.338	554.8538	0.120788	2149.736
	$LnWF_{ct}$	19.05291	0.520967	18.03621	19.60622

（三）平稳性检验

本文拟采取LLC检验和Fisher type检验对各变量进行平稳性检验，得到表7-13、表7-14。在原木进口方面，变量$LnImport_{lcjt}$、$LnGDP_{jt}$、$LnAVFV_{cjt}$、ER_{cjt}、$LnWF_{ct}$均通过了LLC检验和Fisher-type ADF检验，在1%的显著性水平下，是平稳的，达到了一阶单整。而变量LnGDPct为二阶单整，因此对变量$LnGDP_{ct}$取一阶差分与其他变量形成新的序列。在锯材进口方面，变量$LnImport_{scjt}$、$LnGDP_{jt}$、ER_{cjt}、$LnWF_{ct}$均通过了LLC检验和Fisher-type ADF检验，在1%的显著性水平下，是平稳的，达到了一阶单整。而变量$LnGDP_{ct}$、$LnAVFV_{cjt}$为二阶单整，因此对变量$LnGDP_{ct}$和变量$LnAVFV_{cjt}$取一阶差分与其他变量形成新的序列。

表 7-13 平稳性检验结果（原木）

变量	LLC 检验	ADF 检验	平稳性
$LnImport_{lcjt}$	−1.75858***	16.7601	不平稳
$LnGDP_{ct}$	2.36661	1.26148	不平稳
$LnGDP_{jt}$	2.24148	1.38494	不平稳
$LnAVFV_{cjt}$	−0.89191	19.528*	不平稳
ER_{cjt}	1.7699	2.37302	不平稳
$LnWF_{ct}$	4.17528	0.35318	不平稳
△ ($LnImport_{lcjt}$)	−3.69187***	29.7012***	平稳
△ ($LnGDP_{ct}$)	−1.73451**	10.9388	不平稳
△ ($LnGDP_{jt}$)	−4.31353***	33.6423***	平稳
△ ($LnAVFV_{cjt}$)	−7.03331***	17.2769***	平稳
△ (ER_{cjt})	−4.32765***	34.2767***	平稳
△ ($LnWF_{ct}$)	−4.04984***	27.7317***	平稳
△ (△ ($LnGDP_{ct}$))	−8.01125***	66.317***	平稳

表 7-14　平稳性检验结果（锯材）

变量	LLC 检验	ADF 检验	平稳性
$LnImport_{lcjt}$	−2.50184***	15.0134	不平稳
$LnGDP_{ct}$	2.16041	1.05123	不平稳
$LnGDP_{jt}$	2.37397	1.01922	不平稳
$LnAVFV_{cjt}$	−0.40092	16.8014*	不平稳
ER_{cjt}	2.54134	2.98614	不平稳
$LnWF_{ct}$	3.81149	0.29431	不平稳
△ ($LnImport_{lcjt}$)	−3.43463***	40.6471***	平稳
△ ($LnGDP_{ct}$)	−1.58339	9.11566	不平稳
△ ($LnGDP_{jt}$)	−3.86455***	26.8809***	平稳
△ ($LnAVFV_{cjt}$)	−0.81611	4.45359	不平稳
△ (ER_{cjt})	−2.25494***	19.1125***	平稳
△ ($LnWF_{ct}$)	−3.69698***	23.1098***	平稳
△ (△ ($LnGDP_{ct}$))	−7.31324***	55.2641***	平稳
△ (△ ($LnAVFV_{cjt}$))	−4.75293***	27.3192***	平稳

（四）协整检验

对于上述新形成的序列，本文对其进行Pedroni协整检验，得到表7-15。Pedroni检验包括Panel v、Panel rho、Panel PP、Panel ADF、Group rho、Group PP和Group ADF 7个统计量。其中，Panel ADF和Group ADF的检验效果较好。

根据表7-15可知，在原木进口方面，Panel PP、Group PP、Group ADF在1%的显著性水平下拒绝原假设，Panel ADF在5%的显著性水平下拒绝原假设。因此，各变量之间存在协整关系。在锯材进口方面，Panel PP、Panel ADF、Group PP、Group ADF均在1%的显著性水平下拒绝原假设。因此，各变量之间存在协整关系，可以继续进行回归。

表 7-15　协整检验结果

项目	检验方法	各变量
原木	Panel v-Statistic	−2.6561
	Panel rho-Statistic	2.930987
	Panel PP-Statistic	−3.05714***
	Panel ADF-Statistic	−2.01157**
	Group rho-Statistic	3.741444
	Group PP-Statistic	−9.95308***
	Group ADF-Statistic	−3.06654***
锯材	Panel v-Statistic	−1.63596
	Panel rho-Statistic	1.461691
	Panel PP-Statistic	−7.22375***
	Panel ADF-Statistic	−3.7256***
	Group rho-Statistic	2.69145
	Group PP-Statistic	−7.07269***
	Group ADF-Statistic	−3.15208***

（五）模型设定与检验

为了确立模型的形式，本文拟采用F检验来确定混合估计模型和固定效应模型。首先利用公式分别计算F统计量，得到F（原木）=21.42097、F（锯材）=4.749392。通过查表得到相应的临界值$F_{0.05}(5,97)=2.308$，$F_{0.05}(4,80)=2.486$。其中，F（原木）>2.308、F（锯材）>2.486，均拒绝原假设，因此选择固定效应模型。

根据上述分析，本文对我国原木和锯材进口分别建立多元回归模型：

$$\mathrm{LnImport_{lcjt}} = \alpha_1 + \beta_1\mathrm{LnGDP_{ct}} + \beta_2\mathrm{LnGDP_{jt}} + \beta_3\mathrm{LnAVFV_{cjt}} + \beta_4\mathrm{ER_{cjt}} + \beta_5\mathrm{LnWF_{ct}} + \mu_{cjt} \tag{7-1}$$

$$\mathrm{LnImport_{scjt}} = \alpha_2 + \gamma_1\mathrm{LnGDP_{ct}} + \gamma_2\mathrm{LnGDP_{jt}} + \gamma_3\mathrm{LnAVFV_{cjt}} + \gamma_4\mathrm{ER_{cjt}} + \gamma_5\mathrm{LnWF_{ct}} + \omega_{cjt} \tag{7-2}$$

其中，模型（7-1）为我国的原木进口多元回归模型；模型（7-2）为我国的锯材进口多元回归模型。α_1和α_2是常数项；β_1～β_5及γ_1～γ_5是待估系数；$\mathrm{Import_{lcjt}}$为中国t年从j国进口原木的量，$\mathrm{Import_{scjt}}$为中国t年从j国进口锯材的量；μ_{cjt}和ω_{cjt}是随机误差项。

（六）回归结果

由于本文选择的是面板数据，为了进一步确定估计模型的形式，本文拟采用Hausman检验，得到模型（7-1）的卡方统计量为38.16，P值为0.000；模型（7-2）的卡方统计量为62.42，P值为0.000，模型（7-1）和模型（7-2）的卡方统计量均大于0，且P值为0.000，故而模型均拒绝原假设，因此选择建立固定效应模型，得到结果如下表16。

根据表7-16可知，在原木进口模型（7-1）中，$\mathrm{LnAVFV_{cjt}}$、$\mathrm{ER_{cjt}}$、$\mathrm{LnWF_{ct}}$均在1%的显著性水平下拒绝原假设，可以认为两国森林资源差异、汇率、我国木家具出口量对我国原木进口的影响是显著的。

在锯材进口模型（7-2）中，△（$\mathrm{LnGDP_{ct}}$）、$\mathrm{ER_{cjt}}$在1%的显著性水平下拒绝原假设；$\mathrm{LnWF_{ct}}$在5%的显著性水平下拒绝原假设；△（$\mathrm{LnAVFV_{cjt}}$）在10%的显著性水平下拒绝原假设，可以认为我国GDP的增长率、汇率、木家具出口量、人均森林蓄积量差异的增长率对我国锯材进口是显著的。

集体林改实施以来，我国的森林蓄积量呈快速上升的趋势，仅2003—2013年十年间就上升了26.81亿立方米，我国的人均森林蓄积量也呈稳定上升的趋势。而我国多数木材进口来源国的森林蓄积量的变化趋于稳定，如俄罗斯十年间仅上升了11亿立方米，巴布亚新几内亚和印度尼西亚的森林蓄积量甚至呈下降的趋势。因此，我国的主要木材进口来源国的人均森林蓄积量多呈稳定或下降的趋势，这无疑缩小了木材进口来源国与我国森林资源的差异。根据模型（7-1）回归结果，当两国之间森林资源的差异越小时，进口原木的量也就越小。因此，在我国森林蓄积量上升的同时，我国与主要原木进口来源国森林资源的差异也就越小，这在一定程度上抑制了我国原木的进口。此外，比起锯材进口，原木进口更容易受到我国森林蓄积量的影响。本文将森林蓄积量的提升视为我国木材产出的提升，也就是说随着我国木材产出的提升，我国与原木进口来源国的森林资源差异减少，这在一定程度上抑制了我国原木的进口。

表 7-16 回归结果

VARIABLES	模型（7-1） $LnImport_{lcjt}$	模型（7-2） $LnImport_{scjt}$
△（$LnGDP_{ct}$）	–3.143 (–1.30)	–8.871*** (–3.53)
$LnGDP_{jt}$	–0.093 (–0.17)	0.454 (0.73)
$LnAVFV_{cjt}$	10.348*** (5.49)	
ER_{cjt}	–0.075*** (–2.82)	–0.002*** (–2.71)
$LnWF_{ct}$	2.157*** (5.76)	0.909** (2.21)
△（$LnAVFV_{cjt}$）		–13.833* (–1.70)
Constant	–88.156*** (–4.10)	–14.474 (–1.28)
Observations	102	85
R-squared	0.443	0.267
Number of country	6	5
模型类型	固定效应	固定效应
Ftest	1.98e–10	0.000248
r2_a	0.382	0.179
F	14.49	5.453

注：*** $p<0.01$，** $p<0.05$，* $p<0.1$。

结论与政策建议

一、研究结论

21世纪以来，中国经济的高速发展使得木材的消耗量也快速增长，我国对木材资源的需求也随之增长。考虑到我国对木材的庞大需求以及我国森林资源的稀缺性，我国的木材进口贸易越发繁荣。与此同时，由于1990年以来全球森林面积呈不断降低趋势，世界各国对于森林资源的重视程度也在不断地增加，主要木材出口国对出口木材的限制也在逐渐变得严格。这意味着，仅仅依靠进口木材来缓解木材供需矛盾是不可行的，提升国内供给能力的重要性不言而喻。基于此，本文从林业产权制度的改革出发，得到以下结论：

首先，随着2003年集体林改开始进行试点以来，我国的森林面积和木材产量都呈稳步上升的趋势。由历次全国森林资源清查结果可知，2003—2008年集体林改试点时期，森林面积增加了2054.3万公顷，平均每年增加410.86万公顷；人工林面积增长了843.27万公顷，平均每年增加168.65万公顷。构成商品材主体的人工林面积的快速增长也促进了木材产量的快速增长，木材产量由2003年的2473.02万立方米增加到了2008年的8108.34万立方米，增长率达到了227.87%。与此同时，随着林改的实施，木材的进口增速也开始放缓。由此可见，在林改开始实施后，我国的森林资源状况转好，木材的产量也随着提升。

其次，集体林改对木材产出的确起到了正向的促进作用，且确权率越高的地区对木材产出的影响越明显。也就是说，集体林改给予林农稳定的林地产权，产权的确立促使林农投入更多的资金和劳动力来进行营林造林的活动。当森林资源越来越丰富，可用于砍伐的商品林的面积越来越大，林农出于获得利益的需求对森林砍伐的意愿也越来越强烈。集体林改在一定程度上能够刺激林农对森林的砍伐意愿，提升森林砍伐率，这能够促进木材产量的增加，进一步缓解我国的木材供需矛盾。

最后，集体林改能够通过影响国内木材供给，间接地影响到木材进口。短期内林改对木材价格的影响可以影响到木材的进口量，但是考虑到市场的因素，木材价格最终会趋于平稳。而林业投资短期内也可以刺激木材进口量的变化，但由于林业投资不会无限制的过度增加，当林业投资趋于平稳以后，林改的资金投入对木材进口量的影响也逐渐平稳。长期来看，森林砍伐率对木材进口量的影响程度越来越深，砍伐率的有效增长可以抑制我国木材进口量的增加，也就是说，集体林改促进了我国木材供给能力的提升，从而在一定程度上影响到了我国的木材进口量。此外，相比于锯材进口，木材产出的提升对于抑制原木进口的影响更为明显。

二、政策建议

虽然集体林改在一定程度上有效地缓解了我国木材供需矛盾，从而抑制木材进口量的增加，但随着我国经济的快速发展以及森林资源的特殊性，我国对于木材的需求量仍旧很庞大。基于上述研究结果，本文提出以下建议：

第一，继续深化集体林改，促使森林资源增长。考虑到森林资源的特殊性和重要性，为了长期稳定地促进木材供给的提升，我国应继续深化林改制度，提高林地确权率、进一步发展森林保险和林地抵押贷款等政策，通过减少林农损失和增加林农收入来提升林农营林造林的意愿。林改所促使的森林资源的增长除了增加木材供给以外，对我国生态环境的发展也同样重要。只有当林改刺激林农继续营林造林，我国的森林资源才会越丰富，木材的产出才会越多，我国木材的供给能力才会越稳定，对进口木材的依赖性也会逐步降低。

第二，继续扩大木材进口来源。提升我国木材的供给能力能够抑制我国对外进口木材的依赖度，但我国过于庞大的经济体量使得我国对木材的需求仍然较大，所以除了依靠制定林业政策提升木材产出以外，进口木材仍然为我国缓解木材供需矛盾的重要手段。此外，虽然近年来我国木材进口来源国有所扩大，但是我国的主要木材进口国仍然以俄罗斯、新西兰、加拿大、美国等国家为主。考虑到目前世界各国保护森林资源，以俄罗斯为例，其在2009年提升原木出口关税对我国的木材进口造成了一定的影响。世界木材交易市场变幻莫测，森林资源的特殊性亦容易导致各种贸易壁垒，如提升关税、禁止出口等。因此，我国应继续扩大木材进口来源国，避免对某些国家的木材进口过于依赖，降低木材进口风险。

第三，加大技术投入，提高木材利用率。木材产量的提升不能仅仅依靠森林面积的扩大和国外进口。科学技术是第一生产力，政府和相关企业应当加大技术投入，培育出稀有的、实用性强的木材以减少对外进口木材的依赖性，此外，提升木材利用率也至关重要，这不仅能够保护环境，还能使我国木材资源的利用达到最大化，减少森林资源的浪费。相比于国外木材的利用率，我国对木材的循环利用以及综合利用稍显不够。因此，加大对技术的资金投入，提升木材的综合利用率亦能使我国木材进口贸易更加长久稳定地发展。

第四，签订贸易协定，构建长期稳定合作关系。世界经济环境要靠各国共同维护，从一开始的加入WTO，到后期陆陆续续地签订贸易协定和建立自贸区可以看出，中国对进出口贸易的重视程度。以新西兰为例，在中国与新西兰签订贸易协定后，新西兰的木材在我国的木材进口市场上的份额就大幅度增加。由此可见，除了制定国内林业政策提升木材供给能力以外，加强国际贸易合作同样能够有效地缓解我国木材供需矛盾，有利于减轻木材进口的风险，构建长期稳定的合作。

2020

集 体 林 权 制 度 改 革 监 测 报 告

新一轮机构改革后集体林区县乡林业管理部门运行调查报告

为全面了解新一轮党政机构改革后，县乡两级林业管理部门的运行情况，及时提出确保林业管理机构在新的历史条件下顺畅高效运转，推动林业生态文明建设持续、健康、快速发展，国家林业和草原局经济发展研究中心组织“地方林业管理部门机构改革研究”课题组，深入辽宁、河南、山东、江西、浙江、福建、广东、广西、贵州、云南等10个省（市、区）的14个县（市、区），通过问卷调查、查阅资料、与基层党政领导、林业行政执法部门管理技术人员座谈交流等方式，对县级林业主管部门和乡镇林业站机构改革后的运行现状、面临的困难问题进行了全面了解，广泛听取了他们对进一步完善改革后林业管理部门的机构设置、人员编制、岗位配备、运行机制、制度建设等方面的意见诉求。在反复研究论证的基础上提出了课题组的对策建议。

改革后基层林业管理部门现状

一、机构设置情况

（一）县级林业主管部门超出 50% 划归新设立的自然资源局管理

调研显示，14个县（市、区）的林业主管部门改革前均为单独设立的政府职能部门。改革后继续保留原政府职能部门的有5个县（市、区），其占比为35.71%；确定为政府工作部门接受自然资源局领导管理的县（市、区）有4个，占比28.57%，管理职能完全划归自然资源局的县（市、区）有5个，占比为35.71%，划归自然资源局后加挂林业局或林业草原局牌子的有3个县（市、区），占划归自然资源局总数的60%（详见表8-1）。

表 8-1 县林业主管部门机构改革前后对比

改革前			改革后				
案例省	案例县	属于单独设立的政府职能部门	部门名称	保留原单独设立的政府职能部门	政府工作部门由自然资源局统一领导管理	职能完全划归县自然资源局	划归自然资源局后加挂林业局牌子
广西	环江	✓	环江县林业局	✓			
	平果	✓	平果市林业局		✓		
山东	莱州	✓	莱州市自然资源局			✓	✓
	蒙阴	✓	蒙阴县林业局	✓			
辽宁	本溪	✓	本溪县自然资源局			✓	✓
	清源	✓	清原县自然资源局			✓	
河南	浉河	✓	浉河区林茶局	✓			
	舞阳	✓	舞阳县自然资源局			✓	
云南	双柏	✓	双柏县林业和草原局		✓		
江西	遂川	✓	遂川县林业局		✓		
浙江	德清	✓	德清县自然资源局			✓	✓
福建	沙县	✓	沙县林业局	✓			
广东	和平	✓	和平县林业局		✓		
贵州	锦屏	✓	锦屏县林业局	✓			
合计		14		5	4	5	3

（二）县级林业主管部门内设科室和直属事业单位明显减少

县级林业管理部门改革后，工作科室和二级事业单位的机构设置也发生了较大变化。改革后林业主管部门整体划归县自然资源局后，因多数管理科室涵盖了包括林业在内的多个行业的职责，内设科室设置无法进行改革前后对比。调研组重点了解了继续保持原市政府职能部门和由自然资源局统一管理领导的县政府工作部门9个县（市、区）林业局管理科室的设置情况。调研显示，9个县（市、区）林业局管理科室，除河南省浉河区和山东省蒙阴县因职能增加，分别由原来的5个增加到7个和6个以外，其余7个县（市、区）均呈减少趋势，减少比例为14.54%。减少的原因主要是集体林权登记管理、林业执法、森林防火、森林公安等机构或职能划转。林业事业单位的设置经过整合也呈不同程度的减少。江西省遂川县将原有的包括乡镇林业站在内的24个全额拨款事业单位一并下放到乡镇管理，县林业局直属的事业单位只保留林业执法大队和林权服务中心；广东省和平县将17个乡镇林业站整体下放后，事业单位由原来的30个，减少到13个。9个案例县改革前共有林业事业单位125个，改革后减少到77个，减少比例为38.40%。划归县自然资源局管理领导的5个案例县的林业事业单位也呈大幅减少状态。比较典型的是，山东省清原县将包括森林资源监测调查、林业规划设计，生态公益林管理、有害生物防治、野生动物保护、木材检查站等10个事业单位和9个国有林场，整合为林业发展服务中心1个单位（表8-2）。

表 8-2　县林业主管部门内设机构和事业单位改革前后情况对比

案例省	案例县	改革前							改革后						
		管理科室				直属事业单位			林业管理科室				林业事业单位		
		科室数	人员编制	其中公务员	事业编制	单位数	人员编制	实际在岗	科室数	人员编制	其中公务员	事业编制	单位数	人员编制	实际在岗
广西	环江	7	42	8	34	12	123	123	6	34	7	27	12	91	87
	平果	2	32	29	3	6	65	59	1	10	9	1	5	63	62
	蒙阴	5	8	8	0	7	42	41	6	7	7	0	6	42	41
广东	和平	10	71	67	0	30	115	104	8	13	13	0	13	53	45
福建	沙县	9	19	14	0	14	156	208	7	13	12	0	13	164	154
云南	双柏	8	11	10	1	9	70	69	7	7	6	1	5	67	64
江西	遂川	15	110	22	88	26	158	158	14	107	21	86	2	37	37
河南	浉河	5	15	12	3	11	211	139	7	22	13	9	13	230	143
贵州	锦屏	5	14	12	0	10	126	114	4	13	10	0	8	68	62
总计		66	322	170	126	125	1066	1015	60	226	98	124	77	815	695

（三）改革后的乡镇林业站大多为乡镇直接领导

近十几年来，乡镇林业站先后经历了撤乡并镇和事业单位机构的多次改革。新一轮党政机构改革再次对乡镇林业站管理体制进行了较为彻底的变革。本次调研重点了解了11个县（市、区）乡镇林业站改革前后的变化。改革前，11个县（市、区）乡镇林业站为县林业局派出机构的有4个，由乡镇直接管理的有5个，属于县林业主管部门和乡镇双重管理的有2个；改革后，乡镇林业站仍然属于县林业局派出机构的只剩2个，完全由乡镇管理的有7个，由乡镇管理的站中有4个与国土、水利和农牧业合署办公。属于双重管理的有2个。呈现出实施县林业主管部门派出和主管部门与乡镇双重管理体制明显减少，交由乡镇直接管理明显增加的趋势。按照11个案例县138个林业站的基数计算，改革后，作为县林业局派出机构的林业站有24个，占林业站总数的17.39%；实施双重领导体制的20个，占林业站总数的14.49%；由乡镇直接管理的94个，占比为68.12%。在乡镇管理的林业站中与其他部门合署办公的有39个，占林业站由乡镇管理总数的41.49%。如果按实施乡镇管理体制7个案例县有4个实施合署办公计算，实施合署办公的比例高达57.14%；乡镇林业站的单位性质，在11个案例县中只有浙江省的德清县在林业站下放乡镇管理后，有2个全额拨款单位转为差额拨款，其余10个县市区所有乡镇林业站均保持了全额拨款事业单位性质（表8-3）。

表 8-3 乡镇林业站机构改革前后情况对比

省名	县名	林业站数	改革前					改革后					
			单位性质		管理体制			机构名称	单位性质		管理体制		
			全额	差额	县局派出	乡镇机构	双重领导		全额	差额	县局派出	乡镇机构	双重领导
广西	平果市	12	12				12	林业工作站	12		12		
	环江县	12	12				12	林业工作站	12				12
辽宁	本溪县	11	11			11		林业工作站	11			11	
山东	蒙阴县	12	12			12		林业工作站	12			12	
福建	沙县	12	12		12			林业工作站	12		12		
广东	和平县	17	17		17			农林水服务中心	17			17	
贵州	锦屏县	15	15		15			林业工作站	15			15	
江西	遂川县	16		16	16			林业工作站		16		16	
云南	双柏县	8	8			8		林草服务中心	8				8
河南	浉河区	11	11			11		农村发展服务中心	11			11	
浙江	德清县	12	5	7		12		农业农村办公室	3	9		12	
总计		138	115	23	60	54	24		113	25	24	94	20

二、人员配备情况

（1）县林业主管部门内设科室人员编制和岗位设置基本保持原有水平，新增职能人员编制大多没有到位。从案例县提供的数据来看，本轮机构改革后，县林业局或自然资源局机关所设置的林业管理科室的人员配备基本上保持了改革前的编制数量，原岗位设置大体保持稳定，但划入部分职能多数县市区没有新增编制。

（2）林业主管部门直属事业单位由于隶属关系变化，编制人员大幅减少。调研显示，县林业主管部门直属的事业单位，凡继续由重新组建的县林业局或自然资源局领导管理的，除单位性质按照分类管理要求有所变化外，编制人员基本保持改革前状态。个别县市区事业单位编制人员出现较大变化的主要原因是乡镇林业站隶属关系的改变。江西遂川和广东和平2个县41个乡镇林业站的183个编制人员下放到乡镇管理后，两个县原有的事业单位编制由273人减少到90人，减少比例达到67.03%。

（3）乡镇林业站编制人员，改革后仍然属于县林业主管部门派出机构的，大体保持改革前数量。下放乡镇管理的人员混岗情况较为突出。

改革成效

调研结果显示，新一轮林业管理机构改革的突出成就是，县级林业主管部门职能得到合理整合。

一是改革后县级林业主管部门特别是职能划转到自然资源局领导管理后，确保了与隶属于自然资源部的国家林业和草原局以及省市自然资源局的上下对口，便于在接受地方政府领导的同时，实现与上级主管部门业务上的有效对接。

二是从自然资源统一管理的角度，将草原、湿地和原隶属于国土资源、城乡建设、环境保护、文化旅游、水利、农业等部门管理的自然保护区、风景名胜区、自然遗产、地质公园划归林业部门管理，河南省浉河区将原来的茶叶局合并到林业局，组建了新的作为政府职能部门的林茶局，全面拓展了林业主管部门的管理职能。

三是划转了包括森林资源登记管理、火灾扑救、森林公安等多项职能，有利于林业管理职能部门集中精力开展以造林营林、森林资源管护、发展林业产业确保国家生态和木材安全为主的现代林业建设。有效发挥国土资源、应急救灾、公安行政执法部门的独特优势，强化对森林资源的管理保护。同时可以解决长期以来由于部门分割、各自为政所形成的林地、耕地、草原多头管理、一地多证、矛盾纠纷频发的混乱局面，实现合理利用土地资源的目标。

四是对林业事业单位的进一步改革，重新界定、调整、收缩和转换了事业单位的职能范围，基本建立了政事分开、责任明确、多元约束、管理科学的运行机制，提高了事业单位的管理效率。

五是优化了乡镇林业站的管理体制。林业站下放到乡镇管理，有利于乡镇从实际出发统一规划、统筹安排、科学布局当地的林业生态建设；实施乡镇林业站与其他涉农部门合署办公的管理体制，有利于乡镇根据中心工作的需要，统一调度包括乡镇林业站在内，所有涉农部门的人力物力资源，有效实现农林牧副渔各业的一站式便捷服务。提高和强化了乡镇政府对本地区林业工作的领导地位。

问题与建议

一、存在问题

（一）改革后的县林业主管部门尚处于运转磨合期，许多环节的工作需要规范完善

改革后重新组建的林业主管部门由于职能调整，特别是新设立的承担统一领导和管理林业局职责的自然资源局，所有内设机构均由改革前国土、规划、发改、农业、水利、草原等部门的部分科室组成，工作人员来自不同的部门，无论机关内部还是与外部的配合协调都需要有一个相互了解、彼此适应的过程。加之机构改革本身在许多方面都属于新的尝试，在方案制定和实施过程中不可避免地会出现一些这样那样的问题。目前看来，这些问题主要表现在以下几个方面：

一是林业主管部门与不动产登记部门的职能划分尚不清晰。调研显示，所有案例县均

将森林资源确权、林权类不动产登记职能赋予不动产登记部门。截至调研进行的2020年第三季度，多数案例县完成了工作交接，但个别地方因职责划分不够明晰、部门统计口径不一、林权纠纷积压、林权流转备案手续疏漏等方面的原因，致使相关职能无法顺利交接，林权类不动产工作迟迟不能启动。出现了较长时间的森林资源确权林业部门无权登记，不动产登记部门无法登记，林农和林业经营主体跑路无门的非正常局面。还有一种情况是，个别案例县在没有完全明确集体林改相关部门职责的情况下，将林业主管部门全面负责集体林改工作的林改办，连同人员和所有档案资料整体移交不动产登记部门。这种情况的出现，直接带来两个方面的弊端，一是造成了应该由林业部门开展的包括全面深化主体改革的“三权分置”、配套改革各项措施的不断落实完善等大量工作无编、无人、无权去做的局面；二是造成了不动产登记部门无法承担林权类不动产登记以外的集体林改专业性繁重任务的困境。

二是森林消防与应急办职责划分欠科学。森林消防的任务主要分预防和扑救两大块。从职能上讲，林业负责预防，应急负责扑救，应该是十分明确的。调研显示，目前有相当一部分案例县将火灾划分为大火和小火两个等级，规定小火处理由林业部门负责，大火扑救由应急部门负责。但如何界定大火和小火又没有一个划分的尺度，这就为将来出现部门之间相互推诿、贻误扑救战机留下了制度隐患。与此同时，森林消防职能的调整还带来两个不容忽视的问题。一是防火机构人员整体划转应急部门后，林业部门承担的组织编制森林草原火灾防治规划、指导开展防火巡护、火源管理、防火设施建设，以及组织指导国有林场林区和草原开展防火宣传教育、监测预警、督促检查等大量工作却出现无编无人情况。一些地方防火工作的开展只能靠机关内部调剂或者从社会上招聘人员解决；二是个别案例县反映，森林消防职能调整后，地方各级财政的防火经费，直接面向应急部门，林业部门的防火开支失去资金来源。

三是林业行政执法在部分案例县出现空档。新一轮党政机构改革中，林业主管部门将领导管理森林公安的职能整体移交地方公安。国家林业和草原局根据我国《森林法》授权森林公安局代行行政处罚权的规定，从2020年7月1日以后停止执行，导致个别尚未明确执法主体案例县行政执法的断档；部分地区将林业行政执法的职能交由国土执法大队行使。个别案例县仅将职能划归国土执法大队，人员编制并未调整。以致出现了国土执法部门有职能无人员，林业管理机关有人员无职能，大量违法案件无人受理的状况。

四是改革后林业主管部门划入职能人员编制亟待解决。个别案例县的林业主管部门划出机构编制人员一次性全部划转。但新增的改革前分别隶属于农业、环保、国土和城建等部门的草原资源、自然保护区、风景名胜区、自然遗产、地质公园等管理职责却没有编制人员转入，相关工作只能靠机关内部临时抽调非专业人员负责。

（二）乡镇林业站特别是实行乡镇直接管理和双重领导体制的林业站存在诸多需要改进的工作环节

一是专项编制形同虚设。调研显示，所有案例县的编制部门均根据因事设岗、因岗定编的原则，确定了乡镇林业站的人员编制。但一些乡镇在使用编制的问题上，表现出很大的随意性，无法保证林业工作岗位对人员编制的需求。

二是混岗现象较为严重。部分实行农林水牧合署办公的乡镇，缺乏对专业工作岗位的科学设置，个别综合服务中心甚至没有工作分工。林业站大部分人员或被乡镇抽调常年驻村包队，或用大量时间从事民政救济、综治维稳、计划生育等方面的中心工作。贵州省某案例县15个乡镇林业站63个在编人员，专职从事林业工作的仅有14人，其余49人全部被乡镇指派开展其他方面的工作。一些案例县反映，由于林业站缺乏专业人员，加之其他方面的原因，县林业主管部门下达的工作任务难以落实的情况时有发生。与此同时，一些非专业人员又被安排到林业站从事林业工作，乡镇对这部分人员又缺乏专业的业务培训，致使乡镇林业站工作队伍业务技术素质的严重滞后。

三是业务经费难以保证。部分案例县反映，事业单位改革后乡镇林业站办公经费虽然列入县级财政预算，实行全额拨款，但由于乡镇财政紧张，经费下达后，往往被统筹使用到其他事项，导致了林业站基本业务经费的严重短缺。

四是林业执法难度加大。在调研过程中，个别乡镇林业站反映，林业站划归乡镇政府管理后，林业执法在出现与地方经济工作存在一定矛盾的情况下，往往受到来自乡镇政府的阻力，以致部分违法案件不能得到及时处理。

二、对策建议

对新一轮党政机关机构改革，习近平总书记曾经强调，机构改革完成组织架构重建、实现机构职能调整，只是解决了“面”上的问题，发生了“物理变化”，真正要发生“化学反应”，还有大量工作要做。调研显示，截至目前，14个案例县除河南省舞阳县林业局机构改革尚未完全到位外，其余县市区改革组织实施工作已全部结束，重新组建的县乡两级林业管理部门经过一段时间的运行，改革效果初步显现。但是，实现机构职能优化协同高效、提高履职服务能力水平的工作还远未结束。为切实解决新的机构在实践中出现的各种矛盾和问题，全面实现改革目标，特提出如下对策建议。

（一）全面推进机构改革组织架构调整任务

尚未结束改革的县市区，要抓紧按照改革确定的方案，尽快完成计划改革任务，及早消除改革长期搁置对工作造成的不利影响。

（二）查漏补缺，尽快解决重组后的林业主管部门在运行过程中出现的各种问题

一是尽快完成森林资源确权登记的移交工作，全面启动林权类不动产的登记发证。同时明确界定林业主管部门和不动产登记部门的工作职能。不动产登记部门负责包括外业调查、产权经营权界定登记发证、以及与此相关的林权纠纷调处；林业主管部门全面负责集体林改包括主体改革的“三权分置”、各项配套改革的不断推进完善。与此同时，根据职能职责对工作岗位的需求，合理确定留职林业主管部门和转隶不动产登记部门的编制人员并尽快落实到位。

二是明确规定林业主管部门负责森林火灾预防各个环节的工作，避免火灾的发生。发现火情在采取应急措施的同时，立即向应急部门通报；应急部门全面负责火灾扑救，并特别强调在火灾预防阶段的日常巡查，力求做到在第一时间发现火情，将火灾扑灭在初始阶段，同时加大对林业主管部门火灾预防措施的监督，发现问题及时反馈，以消除引发火灾的一切隐患；各级财政部门要在准确测算的基础上，将森林消防预防环节开展防火巡护、火源管理、

防火宣传、监测预警、督促检查、防火设施建设和火灾扑救车辆、器具等方面经费支出分别列入财政预算，并及时下拨林业和应急部门。

三是强化林业行政执法队伍建设。在森林公安转隶地方公安，林业行政执法出现空档的情况下，按照新的我国《森林法》关于林业行政执法主体是县级以上林业主管部门的规定，尽快建立林业主管部门的行政执法机构和执法队伍。在机构改革中，将林业行政执法职能划归国土部门的地区，也要明确专门的林业行政执法机构和专职林业行政执法队伍。

四是对机构改革后，林业主管部门承担的新职能，尚未增加人员编制的，编制部门要切实按照“编随事走、人随编走”的原则，抓紧落实人员转隶或核定新的编制，确保林业主管部门转入职能的正常履行。

（三）着力解决乡镇林业站机构设置、运行机制、编制岗位、工作经费等方面存在的问题

一是强化乡镇林业站管理的顶层设计。在深入调查研究、广泛征求意见的基础上，根据新一轮乡镇林业站机构改革出现的新变化和实施乡村振兴战略对林业站的工作要求，由国家林业和草原局重新修订国家林业局出台的《乡镇林业工作站工程建设标准》《林业工作站管理办法》，对机构改革后乡镇林业站的管理体制、运行机制、职能职责、建设管理等事项做出新的规定。

二是进一步理顺乡镇林业站的管理体制。在机构设置上，按照结构优化、简约高效和充分体现基层林业工作繁杂专业技术性较强特点的原则，对森林资源富集、生态区位重要地区的乡镇林业站，一律采取一镇一站或几镇一站单独设置的模式；对目前与农业、水利、畜牧合署办公的林业站，为便于工程投资和行业管理，全部加挂乡镇林业站牌子并指定明确的法人代表；对属于县林业主管部门派出机构、乡镇管理和双重领导三种管理模式的乡镇林业站，一定要明确主管机关各自的职责范围。作为县林业主管部门派出机构的乡镇林业站，人员和业务经费由县级林业主管部门统一管理，林业站人员的调配、考评和任免，必须听取乡镇政府的意见。其业务经费财政预算按照乡镇标准核拨，不足部分由乡镇予以适当补贴；由乡镇政府管理的林业站，人员和业务经费由乡镇管理，经费缺口由县林业主管部门给予一定支持。工作人员的调整分配、考核、任免，必须听取县林业主管部门的意见。与农业服务中心合署办公的林业站，必须确保林业编制的专项使用和林业专职岗位的足额安排。

三是继续开展全国“标准化林业工作站”建设活动。将包括由乡镇管理与其他部门合署办公，同时挂林业站牌子并确保林业工作编制岗位、办公设施和工作经费的综合服务中心在内的，实施各种管理体制的乡镇林业站，全部纳入活动范围。进一步加大对标准化建设中央预算内，林业基本建设投资和地方财政的支持力度，确保乡镇林业站在农业农村工作中的应有地位，全面提高乡镇林业工作站建设科学化、规范化、标准化水平。

四是着力优化乡镇林业站的管理机制。在进一步巩固提升作为县林业主管部门派出机构的乡镇林业站运行效率的基础上，全力完善乡镇直管和实施双重领导林业站，特别是与其他涉农部门合署办公林业站的管理机制。其核心是用明确的职责理顺林业主管部门与乡镇相互协调、彼此制约监督的工作关系，建立和完善林业主管部门与乡镇党委政府双向考核林业站及其工作人员的激励机制，以及乡镇林业站对县林业主管部门和乡镇政府同时负责的管理制度。确保林业主管部门和乡镇政府的政令畅通。

五是加强乡镇林业站人才队伍建设。活化用人机制，在职称评定、升职晋级等方面向乡镇林业站适度倾斜；协调促请人事部门按照尽可能专业对口的原则，加大部门间人事调整的力度，制定一定的优惠政策，引进和招收一部分分散在各单位的林业专业人员和农林院校的大中专毕业生，充实乡镇林业站专业技术队伍，力求乡镇林业站的专业技术人员达到80%，全面落实乡镇林业站工作人员资格认证、持证上岗制度；各级林业主管部门特别是县级林业管理部门，要有计划地通过集中学习、经验交流、外出考察、组织进修等方式，加强对乡镇林业站管理技术人员的业务培训，不断提高职工队伍的管理技术素质。

参考文献

高露，张敏新，2012. 林农林权抵押贷款可获得性研究——基于金融机构信贷配给的思考[J]. 林业经济(10): 27-31.

孔凡斌，廖文梅，2012. 集体林分权条件下的林地细碎化程度及与农户林地投入产出的关系——基于江西省8县602户农户调查数据的分析[J]. 林业科学，48(04):119-126.

孔凡斌，廖文梅，2014. 集体林地细碎化、农户投入与林产品产出关系分析——基于中国9个省(区)2420户农户调查数据[J]. 农林经济管理学报，13(01): 64-73.

李桦，姚顺波，刘璨，等，2015. 新一轮林权改革背景下南方林区不同商品林经营农户农业生产技术效率实证分析——以福建、江西为例[J]. 农业技术经济(03): 108-120.

李秋娟，2018. 天然林全面停伐背景下中国木材安全预警研究[D].北京：中国林业科学研究院.

李卓，谭江涛，陈江红，等，2019. 新一轮集体林权制度改革效果评估——基于双重差分模型的实证分析[J]. 价值工程，38(11):19-22.

廖文梅，廖冰，金志农，2014. 林农经济林经营效率及其影响因素分析——以赣南原中央苏区为例[J]. 农林经济管理学报，13(05): 490-498.

田明华，史莹赫，黄雨，等，2016. 中国经济发展、林产品贸易对木材消耗影响的实证分析[J]. 林业科学，52(09): 113-123.

翁志鸿，吴子文，吴东平，等，2009. 浙江省丽水市庆元县隆宫乡“林权IC卡”及其抵押贷款模式创新[J]. 绿色中国(7): 15-17.

徐立峰，杨小军，陈珂，2015. 集体林权制度改革背景下的林地经营效率研究——以辽宁省本溪县南营坊村为例[J]. 林业经济，37(05): 7-13.

徐秀英，付双双，李晓格，等，2014. 林地细碎化、规模经济与竹林生产——以浙江龙游县为例[J]. 资源科学，36(11): 2379-2385.

张冬梅，2010. 论林权抵押之法律障碍及其解决[J]. 东南学术(6): 8.

张寒，2012. 集体林权改革对中国木材供给的影响研究[D]. 南京: 南京林业大学.

赵荣，韩锋，赵铁蕊，2019. 浙江省林权抵押贷款风险及防范策略研究[J]. 林业经济(4): 5.

Beck T, Levine R, Levkov A, 2010. Big Bad Banks? The Winners and Losers from Bank Deregulation in the United States[J]. The Journal of Finance, 65(5): 1637-1667.

Becker G S, 1965. A theory of allocation of time[J]. Economic Journal, 75(299): 493-517.

Boyd R, 1984. Government support of nonindustrial production- The case of private forests[J].

Southern Econ J. 51(3): 89-107.

Jacobson M G, Greene J L, Straka T J, et al, 2009. Influence and effectiveness of Financial Incentive Programs in Promoting Sustainable Forestry in the South[J]. Southern Journal of Applied Forestry(1): 1.

Popkin S L, 1979. The rational peasant:The political economy of rural society in Vietnam[M]. Berkeley: University of California Press.

Royer J P, Moulton R J, 1987. Reforestation incentives: tax incentives and cost sharing in the South[J]. Journal of Forestry (USA), 85(8): 45-47.

Xu J T, Hyde W F, 2019. China's second round of forest reforms: Observations for China and implications globally[J]. Forest Policy and Economics (98): 19-29.

Yin R S, Yao S B, Huo X X, 2013. China's forest tenure reform and institutional change in the new century[J]. Land Use Policy (30) : 825-833.